Inhalt

Vorwort 7

Zeichenerklärung 12

Der Tag X. Eine (nicht ganz) fiktive Geschichte 13

Sofortmaßnahmen. So helfen Sie sich im Ernstfall selbst 29

Alarmtabelle: Richtiges Verhalten in der Wohnung und im Bunker 30, Alarmtabelle: Richtiges Verhalten im Freien 38

Der Ernstfall. Bedrohung durch Strahlen — Ihr Risiko zwischen Normalfall und GaU 45

Alarm — und das Chaos beginnt. Was (sich) die Behörden leisten, wenn die Sirenen heulen 57

Alarmierung durch die Behörden im Katastrophenfall 59, Öffentliche Maßnahmen im Katastrophenfall 63

Strahlenschock. Radioaktivität — was ist das? Wie wirkt sie? Warum bedroht sie uns? 69

Nach der Katastrophe. Überleben in einer verstrahlten Welt 85

Nur keine Panik! 85, Stabilisieren Sie die aktuelle Schutz-Situation! 90, Organisieren Sie das Überleben! 102, Vorsicht nach Ende der akuten Gefahr! 110

Meßwirrwarr. Becquerel, Millirem und Gammadosis — was steckt dahinter. Womit mißt man sie? 113

Begriffe, die für Sie bedeutend sind 113, Was man alles messen kann 116, Strahlenmeßgeräte 117, Einen Geigerzähler kaufen? 122

Vorsorge. So bereiten Sie sich auf den Tag vor, den Sie niemals erleben wollen 125

Schutzkleidung 126, Schutzräume 129, Austattungsgegenstände 132, Abdichtmaterial für Fenster, Türen, Lüftungen 132, Werkzeuge und Geräte 133, Lüftung und Ventilation 133, Dekontamination 134, Notgepäck 135, Lebensmittelvorrat 140, Notenergiehaushalt 144, Hygiene 145, Sonstiges 146

Gesundheit. Erste und letzte Hilfe 147

Akute Strahlenkrankheit 151, Die Nahrungskette: eine wachsende Gefährdung 157

Kernenergie. Von den Risiken einer vermeintlich »sauberen« Technik 161

Das Prinzip der Kernspaltung 161, Der Brennstoffkreislauf 165, Der Atomkraftreaktor 170, Reaktorsicherheit 176, Das Problem mit dem Atommüll 180

Umsteigen? Energie steckt nicht nur im Atomkern 185

Begriffe. Kleines Atom-Lexikon von A bis Z 201

Register 239

Klaus Gerosa
Schutz bei Atom-Unfällen

Vorbereitet sein auf den Notfall

Mitarbeit Christine Braune
und Gerhard Theato

BASTEI-LÜBBE-TASCHENBUCH
Band 60 171

Originalausgabe
© 1986 by Gustav Lübbe Verlag GmbH, Bergisch Gladbach
Printed in Western Germany
Einbandgestaltung: Roland Winkler
Titelbild: Image Bank
Satz: ICS Communikations-Service GmbH, Bergisch Gladbach
Herstellung: Ebner Ulm
ISBN 3-404-60171-8

Der Preis dieses Bandes versteht sich
einschließlich der gesetzlichen Mehrwertsteuer

Vorwort

Jetzt ist es passiert. Dabei hatten wir das Problem immer gut verdrängt. Denn ein Atomunfall, so hatten uns die Experten stets aufs neue versichert, könne nur alle 15 000 Reaktorjahre geschehen. Oder höchstens einmal in 10 000 Jahren. Und diese Zahlen hatten uns in Sicherheit gewiegt. Was kümmerte uns die Zukunft in 10 000 Jahren? Daß es sich dabei nur um eine Annahme, eine statistische Zahl handelte — das hatten wir uns nicht eingestehen wollen. Wer mochte schon Kritikern glauben, die warnten, der Atomunfall könne auch schon zu Beginn dieser unglaublich langen Zeitspanne eintreten?
Wie auch immer: Es ist passiert! Der Schock sitzt tief, jeder von uns hat die Situation erlebt. Frauen, die zu jener Zeit schwanger waren, und Eltern kleiner Kinder werden sich ihr Leben lang zornig daran erinnern, wie die Politiker augenscheinlich unwissend auf die Wissenschaftler verwiesen. Und wie diese, offensichtlich ebenfalls hilflos, sich hinter ihren Fachvokabeln versteckten. Keiner übernahm die Verantwortung, keiner wollte sich in dieser Lage als Verantwortlicher zu erkennen geben.
Der Industriegigant Atomwirtschaft, dessen Selbstdarstellungen stets mit Überlegenheit und wissenschaftlicher Bestimmtheit vorgetragen wurden, zeigte seine tönernen Füße!
Daß ein Irrtum bei der »friedlichen Nutzung der Atomenergie« nicht nur für einige Menschen tödliche Folgen hat, sondern weite Landstriche mit Menschen, Tieren und Pflanzen auf Jahrzehnte verseuchen kann — diese Erkenntnis hat uns zutiefst erschüttert.
Gestern war es Tschernobyl — und morgen?

Auf der Welt gibt es weitere 373 Kernkraftwerke — und für alle gelten ähnliche statistische Angaben über die Reaktorsicherheit. Es ist eine Tatsache: Schon heute oder auch morgen kann wieder ein Reaktorunfall stattfinden, kann unsere Heimat weit über die Zeit unseres Lebens hinaus zur Todeszone werden — verseucht von tödlicher Strahlung.

Die Diskussion, ob eine solche Technik überhaupt ethisch zu vertreten ist, ob es zu verantworten ist, für die Bequemlichkeit angeblich billiger Energie die Vergiftung unseres Planeten zu riskieren, beginnt gerade erst anzulaufen. Denn uns alle verbindet ein ungeheures Wissensdefizit, was die Kernenergie betrifft, den mächtigen Industriekomplex dahinter und seine Verwobenheit mit der Politik, aber auch die Möglichkeiten eines Aus- oder Umstiegs.

Und ein anderes Problem haben wir alle gemeinsam: Was können wir tun, wenn das Furchtbare tatsächlich geschieht, wenn uns ein größerer Atomunfall direkt bedroht — und nicht nur der »Fallout« eines über 1500 Kilometer entfernten Kernkraftwerks?

Nur keine Panik, bitteschön!

Aber sind nicht Zweifel angebracht, wenn unsere gewählten Politiker davon sprechen, daß »unsere« Kernkraftwerke »die sichersten« seien? Daß bei uns, in unseren Atomreaktoren niemals ein ähnlicher Unfall stattfinden könnte?

Nun gut, selbst wenn wir einmal davon ausgehen, daß in den 19 Reaktoren in der Bundesrepublik Deutschland alles mit »deutscher Gründlichkeit« durchdacht und abgesichert wurde — wie steht es dann aber mit den fünf Atomkraftwerken in der DDR, den fünf der ČSSR oder den 48 der UdSSR? Die sollen ja nicht einmal so zuverlässig sein wie die 41 Reaktoren Frankreichs oder die 22 in Großbritannien! Und: Trauen Sie den Franzosen in Cattenom mehr zu als den Kraftwerksbetreibern in Windscale?

Doch nicht einmal von Atomkraftwerken in der Bundesrepublik kann man behaupten, daß sie ohne jedwede Probleme

Strom liefern. Die Liste der Störfälle ist lang, und sie wird ständig länger. Längst ist man skeptisch geworden, wenn man in der Zeitung die stereotype Beteuerung der Atomkraftwerksmanager liest: »Eine akute Gefährdung der Bevölkerung war zu keinem Zeitpunkt gegeben . . .«
Man muß davon ausgehen, daß nicht nur die westdeutschen Betreiber wieder und wieder mit technischen Schwierigkeiten zu kämpfen haben, sondern auch unsere Nachbarn in Ost und West — vermutlich in erhöhtem Maß.

All das bedeutet, daß der nächste Alarmfall nicht nur in weiter Entfernung, sondern auch in unserer nächsten Nähe stattfinden könnte. Zudem hat Tschernobyl bewiesen, daß der immer als graue Theorie hingestellte »größte anzunehmende Unfall« (GaU) doch jederzeit stattfinden kann. Das heißt, daß Sie, Ihre Familie, Ihre Freunde und Ihre Nachbarn jetzt und auch zukünftig in der Gefahr schweben, Ihre Gesundheit und all Ihr Hab und Gut innerhalb kürzester Zeit zu verlieren.
Die ständig unsere Existenz bedrohende Gefahr verdrängen zu wollen, ist verständlich — aber falsch. Richtig dagegen ist, dazu beizutragen, daß sich diese Gefahr verringert. Jeder von uns hat diese Möglichkeit.
Man kann sich einerseits dafür engagieren, daß die auch von ihren Befürwortern nur als »Übergangslösung« bezeichneten Atomkraftwerke möglichst schnell abgeschaltet werden. Vielleicht ist es zuerst nur eines, das nicht gebaut wird. Ein anderes wird nicht voll betrieben werden. Ein drittes schließlich ist das erste, das abgeschaltet wird. Denn wir müssen gar nicht so viel Energie verbrauchen. Es gibt so viele Möglichkeiten, damit sparsam umzugehen. Geht aber der Stromverbrauch zurück, so kann niemand mehr guten Gewissens behaupten, man müsse wegen des hohen Strombedarfs so viele Kernkraftwerke betreiben.
Andererseits: Bereiten Sie sich auf den »Ernstfall« vor! Das ist keine Spinnerei, sondern so vernünftig wie das Angurten im

Auto. Auch das Gurtanlegen ist eine selbstverständliche Vorbeugung. Wer mitdenkt, tut es. Obwohl er davon ausgeht, daß bei der folgenden Autofahrt nichts passieren wird. Aber jeder weiß, daß ihm der Gurt auch beim größten anzunehmenden Unfall das Leben retten kann.

Eine persönliche Vorbereitung auf einen GaU ist deshalb eine vernünftige Verhaltensweise. Schon weil man nie weiß, in welchem Ausmaß man in eine solche Katastrophe hineingezogen wird.

Ein außer Kontrolle geratener Atomreaktor bei Hamburg zum Beispiel kann für die Menschen in dieser Stadt höchste Lebensgefahr bedeuten. Doch wer davon entfernt wohnt, wer sich gerade auf der dem Wind abgewandten Seite des Unglücksortes aufhält, hat möglicherweise eine wirkliche Chance. Freilich muß er wissen, wie er sich in diesem Augenblick verhalten soll. Weiß er das und hat er zudem noch eine gewisse Vorsorge getroffen, erhöhen sich seine Chancen, gesund oder wenigstens lebend davonzukommen.

Deswegen dieses Buch: *Jetzt* haben Sie noch Zeit, sich mit der Möglichkeit einer atomaren Katastrophe bei uns auseinanderzusetzen. *Später* kann es zu spät sein. Denn wenn es zum GaU gekommen ist, wird es möglicherweise um ein Kernkraftwerk in Ihrer Nähe gehen. Vielleicht um eines bei Bremen, bei Essen oder bei Stuttgart. Dann werden Sie und ich möglicherweise zu den unmittelbar Betroffenen gehören oder jedenfalls zu jenen, die etwas später ihr Leben radikal verändert sehen.

Wir hoffen zwar, daß der »Ernstfall« nie eintreten wird, wissen aber, daß er – schrecklicherweise – täglich geschehen kann! Jeder von uns, Sie, Ihre Familie und Ihre Freunde werden sich dann in einer Situation befinden, die wir nur dann werden meistern können, wenn wir Bescheid wissen. Die tödliche Gefahr durch die Strahlen werden Sie weder sehen noch hören, weder riechen noch schmecken! Und daß die Menschen im Ernstfall diszipliniert, gefaßt und solidarisch bleiben, das können wir heute nur hoffen.

Lesen Sie also dieses Buch bitte sehr aufmerksam und kritisch durch. Wägen Sie sorgsam ab, was Sie heute tun können und tun wollen, und versetzen Sie sich in diese Lage, in die Sie nie kommen möchten. Passen Sie die in diesem Buch gegebenen Hinweise und Vorschläge Ihrer persönlichen Situation an.
Eine optimale Vorbereitung auf die mögliche Katastrophe genügt aber nicht — sowenig wie die bloße Hoffnung, daß ein wirklicher Atomunfall nie geschehen möge. Wenn wir tatsächlich sicher sein wollen, daß unser Leben morgen noch lebenswert ist, müssen wir selbst darauf hinwirken, daß die Zeit der »Übergangsenergie Kernkraft« möglichst bald zu Ende geht.

München, August 1986
Klaus Gerosa

Zeichenerklärung

 Gefahr

 Schutz

 Flucht

 Information

Der Tag X

Eine (nicht ganz) fiktive Geschichte

Wolfgang Schneider blickte auf die Uhr und gähnte. Schon wieder halb zwölf, dachte er mißmutig. Daß man bei diesen Fernsehfilmen immer wieder vergeblich darauf hoffte, sie würden doch einmal etwas besser sein als die vom letzten Abend! Irene war schon ins Bett gegangen. Die Kinder waren heute so anstrengend gewesen, hatte sie gemeint. Vermutlich schlief sie schon. Unlustig beobachtete er das Geschehen auf der Mattscheibe, wo sich ein Entertainer in belanglosem Gewäsch erging.
Doch plötzlich verschwand das Bild. Unvermittelt tauchte das der Nachrichtensprecherin auf. Er stellte verblüfft fest, daß sie offensichtlich schon abgeschminkt war; die rötlichen Flecken in ihrem Gesicht sahen ganz merkwürdig aus. Übergangslos ertönte ihre Stimme, so als hätte jemand im Sender vergessen, rechtzeitig einen Schalter umzulegen:
». . . um Ihre Aufmerksamkeit für eine wichtige Meldung. Wie soeben bekanntgegeben wurde, hat sich im französischen Kernkraftwerk Cattenom ein Unfall ereignet, bei dem eine größere Menge radioaktiver Strahlung freigesetzt worden ist. Ein Sprecher des Bundesministeriums für Umwelt, Naturschutz und Reaktorsicherheit in Bonn teilte mit, daß Bundesminister Eberhard Krüll nach Rücksprache mit dem Vorsitzenden der Reaktorsicherheitskommission, Prof. Dr. Ralf Bronig, folgendes verfügt hat: Die Bevölkerung im südwestlichen Teil der Bundesrepublik ist unverzüglich darüber zu informieren, daß sie folgende Schutzmaßnahmen vorbeugend durchführen sollte: Fenster und Türen sind zu schließen; auf ein Verlassen der Wohnungen soll verzichtet werden; Weidetiere sind unverzüglich in die Ställe zu treiben. Der Minister betonte, daß es sich

bei diesen durchaus ungewöhnlichen Hinweisen in erster Linie um Vorbeugungsmaßnahmen handle. Das Umweltministerium bleibe dabei, daß die derzeitige Strahlensituation mit keiner konkreten Gefahr verbunden ist.«[1]) Die Sprecherin stockte, und man sah ihre Verwirrung. »Wir werden Sie aufgrund dieser aktuellen Situation bereits in fünfundzwanzig Minuten, also um vierundzwanzig Uhr, in einer Sondersendung der Tagesschau über den aktuellen Stand des Geschehens informieren. Bitte bleiben Sie also am Apparat oder schalten Sie die Tagesschau-Sondersendung um vierundzwanzig Uhr ein.«

Wolfgang Schneider wurde es heiß. Das war Ernst, das war kein Gag, da war wirklich was los! Denn sonst hätte doch niemals der Minister persönlich so eine Anweisung gegeben. Wo Cattenom lag, das wußte er. Schließlich hatte es noch vor Jahren massive Protestaktionen gegen dieses Kernkraftwerk gegeben, ohne daß sich der französische Energie-Konzern Electricité de France oder die französische Regierung groß darum gekümmert hätten.

Er befeuchtete seine Lippen. Cattenom, ein 1300-Megawatt-Reaktor . . . Wenn da was passiert ist – die armen Schweine, die da wohnen. Er war etwas beunruhigt, fühlte sich aber sicher. Immerhin wohnten sie ja fünfhundert Kilometer weit weg. Die Empfehlungen des Ministers waren sicherlich für die Bevölkerung gedacht, die in der Umgebung der Anlage wohnte. Damals, bei der Katastrophe von Tschernobyl, da waren es auch nur dreißig Kilometer gewesen, die dann ernsthaft verseucht waren. Aber was Genaues hatte man ja nie erfahren. Ob es sich um einen GaU handelte? Nein, da hätte man sicherlich etwas gesagt.

Ob er Irene wecken sollte? Er verwarf diese Idee sofort wieder. Sie hatte noch nie etwas von seinen Überlegungen gehalten, Vorsorgemaßnahmen gegen eine Kernkraftwerks-Katastrophe zu ergreifen. Dann sei doch sowieso alles aus, war stets ihr letzter Satz bei den Diskussionen darüber gewesen.

»Das darf doch nicht wahr sein! Wieso haben Sie denn diese Information nicht durchgegeben?« Die Stimme von Gerhard Thorn, dem Leiter der Nachrichtenabteilung, klang hektisch und atemlos. Schließlich war er, nach einer rasenden Autofahrt von seinem Haus zum Sender, vom Erdgeschoß bis in den vierten Stock hochgspurtet. Die lautstarke Diskussion mehrerer Redakteure war bei seinem Auftauchen einen Augenblick abgeebbt, während andere weitertelefonierten.
Fred Geisenberger, der Chef vom Dienst, hob die Hände wie zur Abwehr: »Was soll ich denn machen? Das Ministerium will die konkreten Zahlen erst kurz vor zwölf herausgeben, und diese andere Messung . . .? Ob der wirklich ein Physiker ist? Außerdem sind die dort mitten im Wahlkampf!«
Einige Kollegen nickten zustimmend. Sicher, da hatte einer um zehn Uhr angerufen, und über den Lautsprecher hatten sie die inständig flehende Stimme gehört: »Seit einer halben Stunde spielt der Geigerzähler im Institut völlig verrückt, so was hab' ich noch nie gesehen! Hier draußen habe ich bereits weit über 300 000 Becquerel pro Quadratmeter gemessen! Tun Sie doch was! Bitte geben Sie doch eine Warnung heraus! Da muß was Furchtbares passiert sein!«
Man hatte Namen und Telefonnummer notiert. Doch der Rückruf ging ins Leere. Vielleicht hatte der Wissenschaftler in der Aufregung falsche Ziffern genannt. Oder war alles doch nur ein Wahlgag?
Der Chef nickte zustimmend. Geisenbergers Entscheidung war richtig gewesen.
»Ruhe! Seid doch mal ruhig, verdammt noch mal!« Peter Ziegler, den Telefonhörer am vor Aufregung hochroten Kopf, fuchtelte mit der freien Hand herum: »Wie bitte? Moi? Je ne peux pas parler très bien? S'il vous plaît, lentement! Comment? Un moment . . . Wer kann denn gut Französisch? Herrgott, der sagt was von einer Explosion!«
Die Redakteure drängten sich heran. »Ich glaub', der Gerber, aber der ist jetzt nicht da!«

»Scheiße! Seid mal ruhig! Hallo, Monsieur? Où était une explosion . . . Cattenom? Oui . . . toute les gentes? Combien? Hallo . . . Verdammt! Hallo? Un feu dans le réacteur nucléaire . . . Que? L'action directe? Combien de personnes sont mortes? Trente . . . ah, radioactivité est très, très haute? Combien? Hallo?« Die kleinen Schweißperlen auf der Stirn Zieglers glitzerten. »Die Verbindung ist weg! Aber da muß 'ne große Sauerei passiert sein. Terroristen haben den Reaktor in die Luft gesprengt, etwa dreißig Tote bisher, es soll Radioaktivität austreten und die Bevölkerung ist in Panik!«
Die Journalisten schwiegen betroffen, wie betäubt.
Bevor irgend jemand die lähmende Stille durchbrach, schrillte das Telefon. »Redaktion Tagesschau, Ziegler. Ja . . . gut, danke. Wir bereiten das vor.«
Gerhard Thorn hob fragend den Kopf.
»Der Regierungssprecher ist bereits beim Pförtner, er kommt sofort herauf.«
»Oh, ganz dicke Luft! Also, ran an die Arbeit!«

Die Nachrichten, die sich Wolfgang Schneider mit steigender Unruhe ansah, waren nicht sehr aufschlußreich. Mit monotoner Stimme las die Sprecherin vor: »Nach einem Bombenanschlag ist im französischen Kernkraftwerk Cattenom ein Brand ausgebrochen. Bei der Explosion der Bombe wurde eine noch unbekannte Zahl von Werksangehörigen verletzt oder getötet. Die französische Regierung hat bereits die Regierungen benachbarter Staaten von diesem Vorkommnis informiert. Da eine noch ungeklärte Menge an Radioaktivität ausgetreten ist, hat sie auf die Möglichkeit der Durchführung der üblichen Vorsorgemaßnahmen hingewiesen. Die Rettungsmaßnahmen vor Ort gestalten sich sowohl wegen der Dunkelheit als auch durch die erschwerte Erreichbarkeit bestimmter Experten als schwierig.«
Dann rückte der Regierungssprecher Karl Rost ins Blickfeld. Mit scharfen Worten verurteilte er die Tat als das Werk verbrecheri-

scher Elemente, wies aber gleichzeitig darauf hin, daß »man mit technischen Zwischenfällen rechnen muß«,²) um dann fortzufahren: »Die Bundesregierung stellt fest, daß eine Gefährdung der Bevölkerung nicht besteht.«³) Im übrigen sei der Vorfall »kein Anlaß, auf die friedliche Nutzung der Kernenergie zu verzichten«.⁴) In diesem Zusammenhang zitierte er den Bundeskanzler, der in Kenntnis des Anschlags noch betont hatte, daß die Kernenergie »ethisch verantwortbar« sei: sie diene der Gesundheit und schütze die Umwelt, weil sie, anders als die Kohlekraftwerke, die Luft nicht mit Schadstoffen belaste.⁵)
Laut Regierungssprecher Rost erging die Warnung an die Bevölkerung in Abstimmung mit den französischen Behörden. Für die Vorbeugemaßnahmen der nächsten Tage spiele vor allem eine Rolle, welche Witterungsbedingungen in den folgenden Tagen vorherrschten. Und beruhigend hatte er hinzugefügt: »Das Umweltministerium bleibt dabei, daß die derzeitige Strahlensituation mit keiner konkreten Gefahr verbunden ist.«⁶)
Wolfgang Schneider schaltete den Apparat ab. Langsam ging er hinüber ins Schlafzimmer. Das Fenster war offen, seine Frau schlief ruhig und fest. Nachdenklich blieb er vor dem Fenster stehen. Mit einem tiefen Atemzug, der fast wie ein Seufzer klang, schloß er, ganz gegen seine Gewohnheit, das Fenster.

»Wach doch auf, hör doch mal!« Wolfgang Schneider schreckte hoch. Irene saß aufgerichtet im Bett, drehte das Radio am Bett lauter: ». . . werden gebeten, in ihren Häusern zu bleiben und auf weitere Anweisungen zu warten.«
»Hast du das gehört? In Cattenom ist nach einem Attentat ein Reaktor durchgegangen. Und seit drei Uhr hat der Wind gedreht, und jetzt kommt die radioaktive Wolke direkt auf uns zu!«
Wolfgang Schneider fühlte Übelkeit in sich aufsteigen. Das, was er seit Jahren mit seinen Kollegen in der Firma oder am

Stammtisch immer wieder diskutiert hat, soll plötzlich Wirklichkeit werden? Das darf es doch nicht geben! »Bleib mal ganz ruhig«, hörte er sich sagen. Seine Stimme klang belegt. »Es wird schon nicht so schlimm kommen!«
Doch er wußte Bescheid. Er hatte schon vor Jahren die damals gängigen Öko-Bücher gelesen und sich gewundert, daß die fast unglaublichen Behauptungen, die er darin gefunden hatte, nicht einen Skandal hervorgerufen hatten. Aber nach einer Weile hatte er sich wieder beruhigt, und um des lieben Friedens willen hatte er auch die Diskussionen mit Irene aufgegeben.
Und nun sollte es tatsächlich geschehen sein! Er überlegte, was er nun überhaupt tun konnte. Daß die Regierung trotz der bevorstehenden Wahlen solche Verfügungen erließ, konnte nur bedeuten, daß tatsächlich eine ernsthafte Gefahr bestand. Mit leerem Blick sah er durchs Fenster, wo sich ein strahlend schöner Sonnentag ankündigte. Im Kirschbaum, dessen Früchte rot herüberleuchteten, zwitscherten die Vögel geradezu unverschämt laut und sorglos. Und das sollte der Katastrophentag sein, der nur alle 10 000 Jahre denkbar war?
»Und was machen wir jetzt? Gleich kommen die Kinder!« Irene begann plötzlich, lautlos zu weinen.
Wolfgang Schneider ahnte, daß ihrer aller Leben von dieser Stunde an völlig anders sein würde. Niemals würde es wieder so sein wie bisher. Niemals so, wie sie es sich immer für sich und ihre Kinder ausgemalt hatten. Wie schlimm es kommen konnte, das wußte er aus den Büchern. Auch, daß sie alle dieser Katastrophe ziemlich ohnmächtig ausgesetzt waren, wenn er die Situation jetzt richtig einschätzte. Was würde ihnen noch an Leben bleiben, an Lebensqualität?
Schweigend blickte er Irene an und dachte an ihre beiden Kinder. Er biß sich auf die Lippe. Doch dann beschloß er, alles dafür zu tun, damit sie diese Lage möglichst unbeschadet überstehen könnten. »Wieviel Lebensmittel haben wir denn eigentlich?«

Der Bundeskanzler reagierte gereizt: »Trotz der Heimsuchung von Cattenom darf sich die Bundesrepublik keinen törichten Kulturpessimismus aufreden lassen!«[7])
Das Bundeskanzleramt hatte im Schnellverfahren alle Minister, Staatssekretäre, einige Wissenschaftler und befreundete Journalisten zusammengerufen, die während der Sommerpause die ungeliebte »Stallwache« übernehmen mußten.
Schon heute früh hatte der Kanzler in verschiedenen Radiosendungen mitgeteilt, er wisse genau, was Angst sei. Dennoch akzeptiere er nicht, daß man die Republik auf die Couch des Psychiaters treiben wolle.[8])
Vor fünf Minuten hatte er in einer eher improvisierten Rede an die Bevölkerung vorgetragen, daß die »friedliche Nutzung der Kernenergie ethisch verantwortbar ist«.[9]) Nun sei es notwendig, »mit Sensibilität und Stehvermögen, christlichem Realismus und Optimismus voranzugehen und die Regeneration der Republik fortzusetzen«.[10])
Dieser Vorfall konnte den Wahlsieg seiner Partei gefährden. Darauf hatte ihn bereits sein persönlicher Referent Klaus Gruber hingewiesen. Eine Panik in der Bevölkerung war wirklich das Letzte, was er nun gebrauchen konnte.
Aber im Gegensatz zu Tschernobyl war es diesmal wirklich schlimm. Was nützte es schon, wenn Prof. Obereimen von der Strahlenschutzkommission bei seiner Pressekonferenz Besonnenheit demonstriert hatte? »Wir müssen uns damit abfinden, daß wir Strahlungen ausgesetzt sind«, so hatte er erklärt. »Wir leben in einem Strahlenfeld und es ist schwierig, Nischen zu finden, in denen man ihnen entweichen kann!«[11]) Solche überlegten Sätze verhallten doch ungehört!
Denn die Presse hatte ihnen wirklich übel mitgespielt! In der ersten Reaktion hatte sie auch die unsinnigsten Formulierungen aufgegriffen. Der Innenminister, was hatte er noch gesagt? »Obwohl die Bundesregierung über keine genauen Informationen verfügt, ist die Lage bei uns unter Kontrolle!«[12])
Wie zur Ironie hatte das Presse- und Informationsamt seiner

Regierung zur gleichen Zeit aber auch den Satz verbreitet: »Es ist ein Zeichen von Verantwortungsbewußtsein und auch von Selbstbescheidung, die Autorität des Sachverstandes zu respektieren.«[13]
Das war wirklich unpassend, befand der Kanzler grimmig. Logisch, daß sich die regierungskritischen Journalisten auf solche Unstimmigkeiten gestürzt hatten!
Der Kanzler seufzte. Ihm klang noch die beschwörende Stimme des Präsidenten des Deutschen Energie-Produktions-Instituts, Karl Hendling, im Ohr. Dieser hatte ihm dringend ans Herz gelegt, gleich morgen eine Überprüfung der deutschen Kernkraftwerke auf ihre Sicherheit hin anzuordnen: »Da die Kernenergie zu einer internationalen Prestigefrage geworden ist, könnte ein einziger Unfall eines deutschen Reaktors das ›Made in Germany‹ ruinieren!«[14]
Aber vielleicht brachte die bevorstehende Sitzung die Aufklärung, die jetzt alle dringend benötigten.
Klaus Gruber tauchte auf, schwenkte ein Fernschreiben wie eine Siegesfahne. Der Ministerpräsident des Südstaates, teilte er mit, könne nicht zur Sitzung kommen, hätte aber sein »Ja zur Kernkraft ohne Wenn und Aber«[15] bekräftigt. Und er hatte noch einen zweiten Trostspruch parat, den der deutsche Botschafter in Frankreich kundgetan hatte: »Die Katastrophe in Cattenom ist eine Katastrophe Frankreichs!«[16]

Die Nachrichten, die im Bundesministerium für Umwelt, Naturschutz und Reaktorsicherheit zusammenliefen, waren widersprüchlich, aber im höchsten Grad beunruhigend. Den französischen Experten war es nicht gelungen, den Brand im Kernkraftwerk Cattenom zu löschen. Die Radioaktivität war extrem hoch und schien weiter zuzunehmen. Es sah aus, als habe man das Problem noch nicht in den Griff bekommen.
Eine radioaktive Wolke bewegte sich seit einigen Stunden über die südlichen Bundesländer der Republik, auf die Schweiz und Österreich zu. Die beiden Alpenländer hatten, dem Beispiel

der Bundesrepublik folgend, ihre Bevölkerung gewarnt. Alle dreißig Minuten verbreiteten die Medien die neuesten Nachrichten über den Umfang, die Fortbewegungsgeschwindigkeit und die Zusammensetzung der »Atomwolke«.

Gerhard Thorn war übermüdet und gereizt. Endlich war der Bundesminister für Umwelt, Naturschutz und Reaktorsicherheit, Eberhard Krüll, erschienen, um sich interviewen zu lassen und die Position der Bundesregierung vorzutragen.
Thorn war nicht gewillt, den »verdammten Verlautbarungsjournalismus mitzumachen«, der seit gestern besonders deutlich viele Sendungen prägte. Kein Wunder — hatte doch der Intendant höchstpersönlich alle Abteilungsleiter dazu vergattert, »ausgewogen und verantwortungsvoll« zu berichten. Was das im Klartext hieß, war hier allen klar. »Die Schere klappert schon im Kopf«, hatte ein junger Redakteur höhnisch gemurmelt.
Wie Thorn auf die Anweisung von oben reagieren würde, erwarteten nicht wenige in der Abteilung mit Spannung. Es ging das Gerücht, daß sich Thorns Kinder in einem Zeltlager in der Nähe Cattenoms befinden sollten.
Als Thorn das Rotlicht über der Kamera aufleuchten sah, räusperte er sich kurz. »Herr Minister, gleich die erste Frage: Ist unsere Bevölkerung gefährdet oder nicht?«
Bundesminister Gerhard Krüll rückte seine massige Figur im Sessel zurecht und schob die Papiere, die er vor sich ausgebreitet hatte, mit einer ruhigen Bewegung zusammen. Mit unbewegter Miene sagte er: »Die Bundesregierung stellt fest, daß eine Gefährdung der Bevölkerung nicht besteht!«[17]) Nach einem kurzen Zögern fuhr er fort: »Die Staatsregierung hat zu Recht den Reaktorunfall in Cattenom von Anfang an ernstgenommen und sofort alle erforderlichen Maßnahmen in die Wege geleitet. In der Bundesrepublik waren auf der Grundlage der Vorschläge der Strahlenschutzkommission schon früh Richtwerte und Verhaltensregeln festgelegt worden, die dem

Prinzip der Vorbeugung und einem Höchstmaß an Sicherheit bestimmt waren.«[18])
Aus der Begleitgruppe des Ministers kam halblaut der Hinweis, daß diese jetzt angewendet werden würden, wenn die Lage es erforderte. Der Minister nickte unmerklich.
Thorn ließ sich nicht irritieren. »Seit den frühen Morgenstunden ist unsere Telefonzentrale völlig blockiert, weil verunsicherte Bürger nach Meßwerten und Anweisungen fragen. Wieso sind denn aus Ihrem Haus keinerlei Daten herausgegeben worden? Nach Tschernobyl hatte man ja beschlossen, daß nur Ihr Ministerium die Daten sammeln darf... Ich glaube aber nicht, daß diese Entscheidung das Zurückhalten mit einschloß!«

Wolfgang Schneider ärgerte sich über die barsche Antwort des Ministers, daß man »unpräsentative Werte lieber nicht veröffentlichen wolle«, [19]) um die Bürger nicht zu verunsichern. Er stand nervös vor seinem Fernsehapparat und erhoffte sich Auskunft darüber, was nun zu tun sei. Er hatte Freunde angerufen, um sich mit ihnen zu beraten. Sie waren schließlich übereingekommen, erst einmal diese Sendung abzuwarten.
Wolfgang Schneider wurde zunehmend dadurch aufgebracht, daß der Minister nur Allgemeinplätze von sich gab. Je mehr der Journalist versuchte, den Minister auf konkrete Aussagen festzunageln, desto schwammiger wurden dessen Aussagen.
Als Krüll jetzt gar die Kernenergie lobte, reagierte Thorn zynisch: »Ist nicht jeder Reaktor nur ein Atomtest, der testet, ob die Voraussetzungen der Wissenschaftler eintreten?«[20])
Der Bundesminister zeigte sich ungerührt. »Ich verwahre mich dagegen, daß der Versuch unternommen wird, deutsche Kernenergie-Anlagen in einen Topf mit den französischen zu werfen. Das ist in hohem Maße unredlich...«[21])
Wolfgang Schneider verspürte Erleichterung, als der Journalist, den er von früheren Sendungen her als besonnenen Moderator schätzte, endlich die Stimme hob: »Aber Herr Krüll, jetzt sind

doch nicht Glaubenssätze, sondern Kenntnisse gefragt!«[22]
Der Minister lächelte arrogant — oder war es Unsicherheit? »Ach wissen Sie, Herrn Thorn, da darf ich unseren Bundeskanzler wörtlich zitieren: ›Ungewißheit jenseits dieser Schwelle praktischer Vernunft hat ihre Ursache in den Grenzen des menschlichen Erkenntnisvermögens: Sie sind unentrinnbar und insofern als sozial-adäquate Lasten von allen Bürgern zu tragen!‹[23] Und dann darf ich Ihnen noch folgendes sagen: Solche Störfälle, die auch nur im entferntesten mit den Vorkommnissen in Tschernobyl oder dem jüngsten Reaktorunglück in Frankreich in Cattenom vergleichbar wären, gibt es in der Bundesrepublik nicht.«[24]
Wolfgang Schneider überkam ein Frösteln. Hieß das nicht, daß der einfache Bürger wieder einmal ohne Murren auslöffeln sollte, was ihm einige wenige Mächtige eingebrockt hatten? Und wer bestimmte in diesem undurchsichtigen Spiel, was als »unentrinnbar« hinzunehmen war?
Der Journalist versuchte geradezu verzweifelt, dem Minister konkrete Aussagen zu entlocken. »Aber das ist doch jetzt nicht unser Problem! Sie müssen den Bürgern an dieser Stelle sagen, wie hoch der Grad ihrer Gefährdung ist und was sie tun sollen! Aber im Augenblick hat man eher den Eindruck, daß der Katastrophenschutz Ihrer Regierung ziemlich versagt!«
»Ach was! Es ist schlimm, daß hier jeder quatschen kann, was er mag![25] Einen perfekten Katastrophenschutz kann es auch in diesem Bereich nicht geben. Der Katastrophenschutz hat die Aufgabe, das Unfallrisiko abzuwägen und — genau an diesem Risiko gemessen — mit vertretbarem finanziellen und personellen Aufwand eine vernünftige Katastrophenplanung aufzustellen.«[26]
Das war deutlich genug. Der Journalist schwieg betreten. Hastig fuhr der Minister fort: »Selbst der tausendfache Tod, den der Untergang der ›Titanic‹ verursacht hat, hat die Schiffahrt nicht zum Erliegen gebracht!«[27]
Thorn schwieg weiter.

Der Minister faßte sich mit dem Zeigefinger hinter den Hemdkragen. »Darf ich Ihnen noch eine Bemerkung unseres Bundeskanzlers vortragen: Der Verantwortung, die uns in dieser Welt — und es ist keine perfekte und heile Welt — aufgetragen wurde, dieser Verantwortung können wir nicht entfliehen. Und wir können auch unserer Unvollkommenheit als Menschen nicht entrinnen.«[28]) Er blickte in die schweigende Runde. »Verstehen Sie mich doch. Das ist der Widerspruch unserer Zeit, daß der Mensch die Urkraft des Atoms entfesselte und sich jetzt vor den Folgen fürchtet.[29]) Jetzt ist aber nicht die Zeit für ein verstörtes Endzeitgerede, für emotionale Weltflucht, für Tauchversuche in den trüben Wassern einer Stimmungsdemokratie!«[30] Und beschwörend faßte er den Journalisten am Arm. »Wir müssen uns der Begrenztheit menschlichen Denkens innewerden!«[31])
Gerhard Thorn blickte ihn starr an — und zwar so lange, bis der Minister langsam seine Hand zurückzog. Dann formulierte er mit schneidender Schärfe: »Die Katastrophe von Cattenom ist ein einschneidendes Ereignis für die Nutzung der Kernenergie.[32]) Das Verhalten Ihrer Partei ist keine differenzierte und sensible Antwort auf die Ängste unserer Bürger!«[33])
Der Minister zuckte die Achseln. »Wir haben bei uns keine Katastrophe. Die Unsicherheit und das Tohuwabohu bei uns sind von außen durch die Messungen Privater in die Bevölkerung hineingetragen worden.[34]) Verstehen Sie: wir können aber nicht ins neunzehnte Jahrhundert zurück und wollen es auch nicht. Die breite Mehrheit der Bevölkerung möchte die Errungenschaften des modernen Lebens nicht missen!«[35])
Gerhard Thorns Gesicht füllte den Bildschirm ganz aus, als er leise sagte: »Wir brauchen aber nicht mehr Energie, sondern mehr Hoffnung.«[36])
Nochmals war die ölige Stimme des Ministers aus dem Lautsprecher zu vernehmen: »Meine Damen und Herren, die Bundesregierung hat national und international das ihre zum Schutz der Umwelt getan!«[37])

Wolfgang Schneider wandte sich vom Fernseher ab, ergriff eine bereitliegende Tesakrepp-Rolle und versuchte, das Fenster in der Küche luft- und staubdicht zu verkleben. Es war das Fenster, das auf die Straße hinausging, die seit Stunden fast menschenleer war.

In den anderen Zimmern, jenen zur Windseite des Hauses, hatten sie vor den Fenstern schon die Rolläden heruntergelassen. Damit sollte vermieden werden, daß radioaktiv verstrahlter Staub durch die Ritzen ins Haus eindrang. Sollte es regnen, so könnte der Regen dann auch leichter den Staub abspülen.

Irene hatte den Kindern ein neues Spiel erklärt und auch, warum sie heute nicht ins Freie durften.

Das vorhandene Essen reichte möglicherweise nur für zehn Tage, wobei die Kinder in einigen Tagen verdünnte Dosenmilch zu sich nehmen müßten. Vorsichtshalber hatten sie auch die Badewanne mit Wasser gefüllt, desgleichen verschiedene große Vasen, Töpfe und Tiegel. Die Zimmerpflanzen waren anschließend auch reichlich gegossen worden. Der Tip mit dem Wasser stammte von Irenes Mutter, die sich an die Kriegsjahre erinnerte. Doch damals hatte man nach einem Angriff wieder aus dem Keller kommen können – während man jetzt vielleicht zehn oder vierzehn Tage ausharren mußte!

Ein Glück, daß der Fernsehapparat noch ging. Ein Stromausfall – und schon wäre man ohne Information gewesen!

Das Telefon läutete. Irene Schneider nahm den Hörer ab. »Ja? . . . Ach . . . Danke.« Sie legte langsam auf, dann lehnte sie sich müde an den Tisch. Als ihr Mann sie fragend anblickte, sagte sie: »Es war Peter. Sein Geigerzähler fängt an zu tikken . . . Es geht los!« Ihre Augen füllten sich mit Tränen.

Noch bevor Wolfgang sie tröstend in die Arme nehmen konnte, erfüllte das Heulen der Luftschutz-Sirenen das Land.

Der nächste Störfall kommt bestimmt – und er könnte sich so ähnlich abspielen wie in dieser erfundenen Geschichte!

Den Handelnden dieser Geschichte wurden Zitate in den Mund gelegt, die wirklich gefallen sind — und zwar kurz nach dem Reaktorunglück von Tschernobyl. Natürlich sind diese Zitate aus ihrem ursprünglichen Zusammenhang gerissen und haben mit diesem fiktiven Reaktorunfall in Cattenom nicht das geringste zu tun. Die Namen mußten dem erdachten Fall angepaßt werden, und auch der Satzbau wurde bisweilen verändert. Aber: So oder zumindest ähnlich haben sich unsere Politiker oder Leitende in der Wirtschaft nach dem Unglück von Tschernobyl ausgedrückt. Ganz so erfunden ist die Geschichte »Der Tag X« also auch wieder nicht . . .

Anmerkungen

1. Süddeutsche Zeitung (SZ), 7. 6. 1986
2. SZ, 12. 5. 1986, Peresypkin, Sowjetischer Botschafter in Tripolis
3. SZ, 10. 5. 1986
4. Abendzeitung, München (AZ), 15. 5. 1986, Bundeskanzler Helmut Kohl
5. dto.
6. SZ, 6. 5. 1986
7. SZ, 26. 5. 1986, Bundeskanzler Helmut Kohl
8. dto.
9. SZ, 15. 6. 1986, Bundeskanzler Helmut Kohl
10. SZ, 26. 5. 1986, Bundeskanzler Helmut Kohl
11. SZ, 9. 5. 1986, Prof. Dr. Oberhausen, Vorsitzender der Strahlenschutz-Kommission (SSK)
12. SZ, 9. 5. 1986, Bundesinnenminister Friedrich Zimmermann
13. Presse- und Informationsamt der Bundesregierung, 4/86
14. SZ, 12. 5. 1986, Peter Hettich, Präsident der Deutschen Energie-Gesellschaft e. V.
15. SZ, 9. 5. 1986, Bayerischer Ministerpräsident Franz Josef Strauß
16. SZ, 26. 5. 1986, Deutscher Botschafter Jörg Kastl
17. SZ, 10./11. 5. 1986
18. SZ, 6. 6. 1986, Bayerischer Umweltminister Alfred Dick
19. SZ, 7./8. 5. 1986 »Ein Sprecher des Ministeriums teilte mit, daß man ›unrepräsentative Werte lieber nicht veröffentlichen wolle‹ . . .«
20. SZ, 24./25. 5. 1986, Saarländischer Ministerpräsident Oskar Lafontaine
21. Deutschland-Union-Dienst, 14. 5. 1986, Christian Lenzer, Forschungspolitischer Sprecher der CDU/CSU-Fraktion im Deutschen Bundestag.

22. SZ, 18. 5. 1986, Prof. Dr. Oberhausen, SSK, zitiert nach der ZEIT
23. Regierungserklärung zu Tschernobyl, 15. 5. 1986, Bundeskanzler Helmut Kohl
24. Deutschland-Union-Dienst, 13. 5. 1986, Christian Lenzer
25. SZ, 10./11. 5. 1986, Bayerischer Umweltminister Alfred Dick
26. Frankfurter Rundschau, 6. 9. 1980, Bundesinnenministerium
27. Münchner Stadtanzeiger, 6. 6. 1986, Münchner Oberbürgermeister Georg Kronawitter
28. SZ, 16. 5. 1986, Regierungserklärung, Bundeskanzler Helmut Kohl
29. SPD-Programm von Bad Godesberg, 1959
30. SZ, 24./25. 5. 1986, FDP-Vorsitzender Martin Bangemann
31. SZ, 26. 5. 1986, Bayerischer Ministerpräsident Franz Josef Strauß
32. Resolution des CSU-Bezirkstags, 9. 6. 1986
33. Heiner Geißler, CDU-Generalsekretär: »Das Verhalten der SPD ist keine differenzierte und sensible Antwort auf die Ängste unserer Bürger . . .«, SZ, 24. 5. 1986
34. SZ, 6. 5. 1986, Bayerischer Innenminister Karl Hillermeier
35. TÜV, 5. 5. 1986, Carl-Dieter Spranger, Parlamentarischer Staatssekretär, Bundesministerium des Inneren
36. SZ, 12. 5. 1986, Hubert Weinzierl, Vorsitzender des Bundes für Umwelt und Naturschutz Deutschland e. V. (BUND)
37. TÜV, 5. 5. 1986

Sofortmaßnahmen

So helfen Sie sich im Ernstfall selbst

Die Sirenen heulen, Sie stellen das Radio an und der Sprecher informiert Sie, daß Sie noch etwa eine Stunde Zeit haben — dann verseucht eine hochradioaktive Wolke Ihre Umgebung. Wie man in einer solchen Situation reagieren soll, wissen wenige Bürger. Noch weniger sind in der Lage, sich gegen eine solche Gefahr zu schützen. Bunkerplätze mit Luftfilteranlagen gibt es nur für 2,5 % der bundesdeutschen Bevölkerung. Doch was besagt diese Zahl schon? Glauben Sie, daß nach einem Atom-Alarm diejenigen Mitbürger, die prinzipiell Zugang zu einem Schutzraum haben, ihn auch tatsächlich wahrnehmen können? Vielleicht sonnen sich gerade die Bunker-Besitzer eine Autostunde entfernt an einem Badesee. Oder schlafen tief und hören die Sirenen nicht. Was übrigens Ihnen als mutmaßlichen Bunkerplatz-Nichtbesitzern auch passieren kann!
Was also ist zu tun?
Flucht ist eine natürliche und manchmal auch vernünftige Idee. Nur: Diese Idee haben alle anderen mit Ihnen, und gigantische Staus auf den Straßen sind die Folge.
Sie werden also besser den Empfehlungen der Behörden folgen und eine Wohnung aufsuchen. Ob es Ihre eigene ist, hängt davon ab, ob Sie ausreichend Zeit bis zum Eintreffen der radioaktiven Wolke haben.
Es ist unwahrscheinlich, daß Sie ruhig und überlegt handeln. Mehr noch: Es ist zu befürchten, daß viele Menschen in der Aufregung völlig unsinnige, ja letztlich schädliche Handlungen vornehmen. Denn die verbleibende Zeit ist im Nu dahin.
Auf den nächsten Seiten zeigen wir Ihnen, was Sie tun können, wenn die radioaktive Wolke Ihre Gegend bereits erreicht hat, wenn Ihnen noch fünf Minuten, 15 Minuten etc. verbleiben.

Alarmtabelle: Richtiges Verhalten in der Wohnung und im Bunker

0 Min.

Strahlung hört, sieht und schmeckt man nicht. Sie müssen sich auf die öffentlichen Warnungen oder die Meßergebnisse Ihres Geigerzählers verlassen. Handeln Sie unverzüglich, auch wenn Sie möglicherweise durch Unwissende und Unwillige, die Ihre Befürchtungen zerstreuen wollen, verunsichert werden.

Sie müssen sich sofort schützen! Die nächste erreichbare Wohnung bzw. der nächstgelegene Bunker muß aufgesucht werden. Wer dort zu spät eintrifft, ist verstrahlt und muß sich dementsprechend behandeln lassen. Keinesfalls einen Aufzug benutzen: Der Strom könnte ausfallen!

- *Schließen Sie unverzüglich, aber sorgfältig alle Fenster, Türen und Lüftungsschächte. Fenster auf der Wetterseite, die dem Wind besonders stark ausgesetzt sind, sollten durch Rolläden geschützt sein. Einzelofen- und Kaminbesitzer müssen besondere Maßnahmen ergreifen. Stellen Sie den Ventilator oder die Klima-Anlage ab! Im Bunker: Stellen Sie gleich die Lüftungsanlage an. So erneuern Sie die Luft zu einem Zeitpunkt, in dem die Außenluft noch relativ unbelastet ist; dadurch wird die Filteranlage geschont.*
- *Stellen Sie das Radio an und achten Sie auf Durchsagen. Batterie-Energie sparen für den Fall, daß die Versorgung über das Stromnetz zusammenbricht!*
- *Alle Öffnungen der Wohnung nach außen abdichten.*

Richtiges Verhalten in der Wohnung und im Bunker

Es darf kein radioaktiver Staub eindringen! Nehmen Sie notfalls Papier (Klosettpapier für die Ritzen u. a.) oder Stoff und verkleben beziehungsweise verstopfen alle Öffnungen. Radioaktiv verstrahlte Staubteilchen können durch kleinste Ritzen dringen. Besondere Schwachstellen sind Fenster- und Türritzen. Aber Vorsicht: Sauerstoff-Mangel ist möglich!

Ist kein Schutzraum im Haus, muß die Wohnung zum Behelfsschutzraum umgestaltet werden. Dafür haben Sie nur *vor* dem Ernstfall genügend Zeit! Überprüfen Sie anhand dieser Alarmliste, was Sie noch alles tun müssen.

Sofortmaßnahmen durchführen (vgl. S. 30 f.)　　　　　　**5 Min.**

 Informieren Sie Ihre nächsten Angehörigen über die Gefahrensituation. Fassen Sie sich ganz kurz:
1. Was ist passiert?
2. Welche Gefahr besteht im Augenblick?
3. Wie verhalten Sie sich, wie sollen sich Ihre Angehörigen verhalten?
4. Wo werden Sie sich die nächste Zeit aufhalten?
Beispiel: »Hallo, hier ist Bernhard. Das Umweltministerium hat Strahlenalarm gegeben! Vom Kernkraftwerk kommt eine radioaktive Wolke, die uns in wenigen Minuten erreichen wird! Ich bin in der Wohnung, dichte gleich alle Fenster ab. Ich hab' noch Verpflegung für sechs Tage. Falls das Telefon ausfallen sollte: Ich bleibe auf jeden Fall hier! Der Wind soll sich morgen drehen, dann sehen wir uns wieder, okay? Bis bald, tschüß!« (20 Sekunden. Mit Gegenrede und Nachfragen: eine Minute)

Alarmtabelle

Vermutlich wird fast jeder zum Telefon greifen! Da aber auch Polizei, Feuerwehren, Ärzte und Hilfskräfte telefonieren müssen, darf das Netz nicht zusammenbrechen! Um dem vorzubeugen: Elektrische Geräte, sofern nicht unbedingt notwendig, abstellen.

Nicht rauchen! Keine Kerzen brennen lassen! Kein offenes Feuer! Denn durch jede Art von Feuer wird lebenswichtiger Sauerstoff im Raum verbraucht. Bei hoher Strahlenbelastung kann möglicherweise lange Zeit nicht gelüftet werden.

15 Min.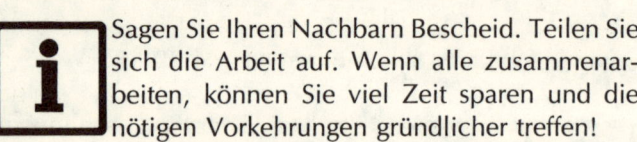
Sagen Sie Ihren Nachbarn Bescheid. Teilen Sie sich die Arbeit auf. Wenn alle zusammenarbeiten, können Sie viel Zeit sparen und die nötigen Vorkehrungen gründlicher treffen!

- *Alle Fenster öffnen, um die Wohnung noch einmal ordentlich durchzulüften. Stark riechende Pflanzen oder Dinge wie Haushalts- und Putzmittel aus der Wohnung entfernen!*
- *Geigerzähler, sofern vorhanden einschalten und alle paar Minuten ablesen! Sollten Sie allein sein: Geigerzähler am offenen Fenster eingeschaltet lassen, Tongeber auf ›Laut‹ stellen; wenn er schlecht zu hören ist, verstärken Sie den Schall, indem Sie den Geigerzähler auf einen Blecheimer oder einen anderen behelfsmäßigen Resonanzkörper stellen. Sind Sie zu mehreren, arbeitet jemand in Hörweite des Radios, um wichtige Informationen nicht zu verpassen.*
- *Jemand holt die Kinder herein, beruhigt sie, sorgt dafür, daß sie beschäftigt sind und in der nächsten*

Richtiges Verhalten in der Wohnung und im Bunker

Zeit nicht stören. Auch Haustiere sollten in die Wohnung geholt werden.
- *Es sollte versucht werden, Lebensmittel von draußen zu holen. Wichtig sind alle Grundlebensmittel, die man noch bekommen kann (vgl. S. 97 f. und Vorsorgeliste auf S. 140 ff.).*
- *Abfalleimer in der Küche leeren!*
- *Nur wenn ohne großen Zeitaufwand möglich: Auto in die Garage fahren, Wäsche von der Leine etc.*

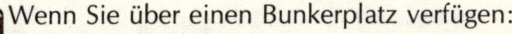Wenn Sie über einen Bunkerplatz verfügen:
- Rucksack, Wäschesack, Sporttaschen und ähnliches nehmen und Speisekammer und Eisschrank leeren! Aus der Gefriertruhe kommt nur das in Betracht, was nicht innerhalb kurzer Zeit nach dem Auftauen verdirbt. Nur länger haltbare Nahrungsmittel und Getränke in den Bunker mitnehmen! Verderbliche Lebensmittel zum Nachbarn geben oder außerhalb der Wohnung wegwerfen, am besten natürlich in die Mülltonne.
- Alle wichtigen Papiere und Unterlagen mitnehmen. Am besten, man hat einen Ordner mit persönlichen Papieren vorbereitet.
- Radio mitnehmen, dazu alle verfügbaren Batterien.
- Medikamente mitnehmen.
- Hygieneartikel (besonders für Frauen und Kinder) mitnehmen, aber nur die unverzichtbaren, da der Platz in Bunkern begrenzt ist.
- Wohnung verschlossen und gesichert (vgl. S. 30 f.) verlassen, alle elektrischen Geräte ausstellen (Stecker herausziehen, auch für die Fernseh-Antenne).

Für langes Suchen oder sorgfältiges Packen haben Sie keine Zeit mehr! Nur das Wichtigste zählt jetzt noch.

Alarmtabelle

Natürlich muß der Bunker stets bereit und die Grundausrüstung (Toiletten, Konserven, Feuer, Notbekleidung, Ausbruchswerkzeug) vorhanden sein.

30 Min. Wahrscheinlich werden Sie nicht viel mehr erledigen können als im vorgenannten Fall. Allerdings kann alles etwas umsichtiger und sorgfältiger getan werden. Wenn Arbeitsteilung durch Nachbarschaftshilfe möglich ist, sollten unbedingt noch Lebensmittel besorgt werden, besonders auch länger haltbare Milch (H-Milch, Dosenmilch, Trockenmilch) für Kinder und Kleinkinder sowie notwendige Medikamente (auch Verhütungsmittel).

Alarmieren Sie noch einige Freunde per Telefon. Halten Sie sich so kurz wie möglich. Bitten Sie darum, daß weitere Freunde durch die Angerufenen verständigt werden (Schneeball-System), und teilen Sie kurz mit, wer bereits verständigt wurde. Sofern Sie mit Freunden vorher eine Alarmierungsliste vereinbart haben: Halten Sie sich daran!

1 Std. Eine Stunde ist in so einer Situation viel schneller vergangen, als man glaubt. Dennoch: Nehmen Sie Papier und einen Schreiber, notieren Sie, was Ihnen einfällt, was Sie noch erledigen müssen oder möchten — nicht mehr als ca. 15 Stichworte.
- Zeitaufwand für die einzelnen Erledigungen notieren.
- Probleme nach Wichtigkeit ordnen!
- Einen Wecker so einstellen, daß er nach Ablauf einer halben Stunde läutet. Ein »Blitzeinkauf« darf nicht länger als 30 Minuten dauern!

Richtiges Verhalten in der Wohnung und im Bunker

Haben Sie genügend Geld für den Einkauf und »die Zeit danach«? Möglicherweise werden Sie später evakuiert oder umgesiedelt. Dazu brauchen Sie Geld. Wenn die Zeit reicht, heben Sie von der Bank noch etwas ab. Ein Geldautomat bedient Sie am zeitsparendsten.

Vielleicht brauchen Sie noch Material, um Ihre Wohnung zu sichern. Klebestreifen gibt es in Schreibwaren-Läden, Malergeschäften etc. Wichtig: Für Preisvergleiche und dergleichen haben Sie keine Zeit mehr übrig! **2 Std.**

Auto nur noch benutzen, wenn dies unumgänglich ist, denn innerhalb weniger Minuten nach Bekanntwerden der Gefahr werden die Straßen verstopft sein! Wohnen Sie in der Stadt, verzichten Sie lieber auf Ihren Wagen und suchen Sie zu Fuß die nächstgelegenen Geschäfte auf. Wenn Sie fahren *müssen*, überlegen Sie genau, welche Route (und gegebenenfalls Ausweichroute) Sie nehmen wollen.

Überprüfen Sie den Tankinhalt Ihres Autos. Wenn Sie im Verkehr steckenbleiben oder einen Unfall haben, sind Sie ungünstiger dran als vorher. Deshalb gut überlegen, ob Sie auf das Autofahren nicht verzichten können.

 Nehmen Sie von draußen alles das in die Wohnung, was nicht verstrahlt werden soll (z. B. Gartenmöbel, Pflanzen, Fahrrad, Wäsche). Haben Sie einen Garten, dann **3 Std.**

- ernten Sie noch, was möglich ist: Pflaumen, Äpfel usw. abschütteln und den Bedarf für eine vertretbare Zeit in Eimer, Karton oder Korb einsammeln
- versorgen und schützen Sie Haus- und Nutztiere

Alarmtabelle

- schließen Sie die Fenster und Eingänge des Gartenhauses/Treibhauses
- überdecken Sie Ihre Beete mit Folien, Decken oder ähnlichem und befestigen Sie diese so, daß Wind und Wetter Ihrer Konstruktion möglichst nichts anhaben können.

5 Std. 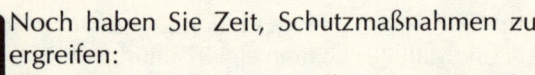 Noch haben Sie Zeit, Schutzmaßnahmen zu ergreifen:
- Welche Bekleidung wollen Sie später für einen »Ausflug« nach draußen tragen?
- Besteht die Möglichkeit, schnell an einen abwaschbaren Anzug zu kommen (vgl. S. 126 f.)?
- Wo kann man noch einen Luftfilter, Gesichtsmasken oder Behelfsmasken erwerben?
- Sind alle Familienmitglieder, Freunde und Nachbarn verständigt?
- Wer soll wo und was einkaufen?

Ihre Kinder und Haustiere müssen jetzt in Rufweite der Wohnung bleiben. Bereiten Sie alles Nötige vor, damit sie später in der Wohnung ihren Platz und Ablenkungsmöglichkeiten erhalten.

Kindern kann man erklären, was in der nächsten Zeit auf sie zukommt. Wenn dies kindgerecht erfolgt, dann kann man mit ihrem Verständnis rechnen. Später gibt es zuviel Streß, und Sie haben auch zuwenig Zeit dafür.

 Wer tankt den Wagen auf, überprüft den Ölstand? Vielleicht brauchen Sie Ihr Auto zur Flucht – und Benzin für alle dürfte es später kaum oder nur noch völlig überteuert geben.

Richtiges Verhalten in der Wohnung und im Bunker

Zehn Stunden sind nur 600 Minuten! Eine radioaktive Wolke legt in der Stunde bei mäßigem Wind etwa 30 Kilometer zurück. Dies kann bedeuten, daß der Unglücksreaktor etwa 300 Kilometer, bei starkem Wind vielleicht auch 500 Kilometer weit entfernt ist. Setzen Sie Prioritäten:

10 Std.

- Informieren Sie sich – und dann die anderen nach dem Schneeball-System.
- Die Zeit, die Sie in der Wohnung verbringen müssen, dürfte lang werden, der Fernsehapparat kann ausfallen: Haben Sie genügend Spiele, Lesestoff und andere Möglichkeiten der Zerstreuung zu Hause? Für Bunker-Benutzer: Nehmen Sie keine deprimierende Literatur mit, sondern zerstreuende Werke.
- Alle Lebensmittel sollen in fester Verpackung wie Flaschen oder Dosen geschützt werden.
- Während Sie Ihre Wohnung für den Ernstfall vorbereiten, können Sie eine Liste der Sachen, die Sie für die nächste Zeit benötigen, anfertigen (Nahrung, Bekleidung, Hygieneartikel, Werkzeug etc.). Notieren Sie die Menge und den Aufbewahrungsort. So stellen Sie fest, was Sie noch beschaffen müssen.
- Bereiten Sie eine Rationierungsliste für Ihre Verbrauchsgüter vor.
- Für Bunker-Benutzer: Sie haben genügend Zeit, das Wichtigste auszuwählen. Nehmen Sie nur das Notwendigste mit, »Reserven« bereiten Sie vor und belassen Sie im Vorraum zur Wohnung.

Wichtig ist ein Atemschutzgerät oder ein von Ihnen selbst hergestellter Notfilter. Legen Sie alles bereit, was für die Herstellung eines Notfilter verwendbar ist (vgl. S. 39 f.).

Alarmtabelle: Richtiges Verhalten im Freien

0 Min. Wenn Sie sich — aus welchen Gründen auch immer im Freien befinden, wenn Sie erfahren, daß die radioaktiv verseuchte Wolke Sie erfaßt hat, müssen Sie so schnell wie möglich in eine Unterkunft gelangen. Wägen Sie ab, welches Strahlenrisiko Sie auf sich nehmen, wenn Sie ein bestimmtes Ziel erreichen wollen. Versuchen Sie zu erfahren, wo sich der Unfallort befindet; dann können Sie die Größe der Gefahr ungefähr einschätzen. Die Gefahr droht durch radioaktiv strahlende Teilchen, die Sie einatmen oder die sich auf Ihrer Bekleidung (oder im Wagen) ablagern.
Bedeutsam ist die Witterung. Weht ein starker Wind, werden radioaktive Schwebeteilchen in großer Zahl in die Luft gewirbelt. Geht ein Gewitterregen nieder, steigt die Radioaktivität sprunghaft an!

Je länger Sie sich in einer verstrahlten Umgebung schutzlos aufhalten, desto mehr gefährden Sie sich. Die Strahlendosis summiert sich! Höchste Gefahr droht Ihrer Gesundheit durch eingeatmete radioaktive Staubteilchen!
Ihr einziger Schutz ist jetzt Ihre Kleidung. Verschließen Sie, soweit das irgend möglich ist, alle Öffnungen in der Kleidung, um das Eindringen radioaktiver Schwebeteilchen zum Körper zu erschweren.

5 Min.  Ihr »Feind« ist der radioaktive Staub, den Sie bei jedem Atemzug einatmen können.
Sie können nicht wissen, wie intensiv die Strahlung ist. Gehen Sie deshalb vom

Richtiges Verhalten im Freien

»schlimmsten Fall« aus. Sie müssen vermeiden, daß Ihre Haut mit dem Fall-out in Berührung kommt.

 Knöpfen Sie den Hemdkragen zu! Bei einem Anorak benutzen Sie Ihre Kapuze und schnüren sie eng zu, auch wenn es hochsommerlich warm ist! Haben Sie keine Kapuze, so besorgen Sie sich eine Plastiktüte, mit der Sie Ihren Kopf schützen können. Steigen Sie auch mit Ihren Schuhen in Plastiktüten und binden Sie die Öffnungen oben zu! Auch die Ärmel der Jacke sind zuzubinden, ebenso die Hosenbeine. Notfalls helfen Einweck-Gummis.
Essen Sie jetzt nichts mehr, was nicht durch einwandfreie Verpackung gesichert ist. Das Obst im Garten ist bereits mit radioaktivem Staub bedeckt, und auch die Nahrung, die Sie in der Hand halten, kann bereits radioaktiv »verschmutzt« sein. Offenes Trinkwaser ist zu meiden!

Am besten wäre natürlich eine ABC-Maske – aber wer hat die schon! Versuchen Sie, sich eine Art Notfilter zu besorgen:
- *Binden Sie sich ein angefeuchtetes Taschentuch vor Mund und Nase. Feuchten Sie es von außen immer wieder an. Benutzen Sie dazu, wenn irgend möglich, unverstrahlte Flüssigkeit. Sollten Sie das Tuch einmal abnehmen und später wiederverwenden, achten Sie darauf, daß wieder dieselbe Seite nach außen zeigt.*
- *Schließen Sie den Mund, atmen Sie durch die Nase, die eine Art Filterwirkung ausübt. Atmen Sie nicht zu tief durch! Schneuzen Sie des öfteren kräftig!*
- *Kommen Sie an einer Rotkreuzstation oder ähnlichem vorbei, fragen Sie nach einem Mull- oder Papier-Mundschutz.*

Alarmtabelle

- *Auch Papiertaschentücher, Unterhemden, Nesselstoffe aller Art, Strumpfhosen etc. können als Notfilter Verwendung finden.*

Ihr Einfallsreichtum ist gefordert! Wer auf einer Wanderung von der Strahlung überrascht wird, beispielsweise in den Bergen, kann die Alu-Rettungsdecke aus seinem Erste-Hilfe-Beutel nehmen, sie in der Mitte zusammenfalten, einen Schlitz (für den Kopf) hineinreißen und sie dann als Poncho überziehen.
Auch ein Regenumhang, ein Biwaksack, irgendeine Decke oder Plastikfolie kann in ähnlicher Weise verwendet werden. Scheuen Sie sich nicht, notfalls auch einen benutzten Plastik-Abfallsack zu benutzen, der irgendwo herumliegt; Müllreste mögen abscheulich stinken, gesünder als der geruchlose radioaktive Staub sind sie allemal!
Brauchbar sind alle gummierten Anzüge: von Anglern, Jägern, Kajakfahrern oder Windsurfern.
Wichtig: Auch wenn es sehr warm ist, müssen Sie Ihren Anzug immer dicht geschlossen halten!

Sitzen Sie im Auto, wenn Sie von der Lage erfahren, sollten Sie folgende Punkte beachten:
- *Schließen Sie sofort alle Autofenster.*
- *Stellen Sie die Lüftung ab. Dringt doch ein Luftzug aus Lüftungsschlitzen oder anderen Öffnungen, dann verstopfen Sie diese mit Papier oder Stoff.*
- *Lassen Sie das Radio angeschaltet.*
- *Stellen Sie sofort das Rauchen ein, um Sauerstoff zu sparen.*
- *Schließen Sie Ihre Kleidung. Verfahren Sie dabei so, als wären Sie im Freien. Denn durch viele Fugen Ihres*

Richtiges Verhalten im Freien

Wagens können mit dem Fahrtwind radioaktive Staubteilchen eindringen. Haben Sie Mitfahrer, so können diese während der Fahrt Notfilter herstellen.
- *Stellen Sie Ihr Fahrverhalten auf die Situation ein:*
  - *kontrollieren Sie sofort Ihren Benzinstand; möglicherweise müssen Sie sofort tanken*
  - *meiden Sie Straßen, auf denen ein Stau zu befürchten ist oder auf denen Sie in einem solchen Fall nicht mehr ausweichen können; es könnte sein, daß manche in Panik ihren Wagen verlassen und ihn dann so ungeschickt abstellen, daß die Straße unpassierbar wird*
  - *achten Sie auf Polizei- und Rettungsfahrzeuge; wahrscheinlich ereignen sich zahlreiche Unfälle*
  - *nehmen Sie Anhalter mit; es handelt sich um einen Notfall!*
- *Verlassen Sie Ihren Wagen erst, wenn sich Ihnen eine bessere Schutzmöglichkeit bietet.*

Denken Sie daran, daß Ihr Wagen nur bedingt Schutz bietet! Durch die Verschmutzung mit radioaktiven Staubteilchen wird er in steigendem Maß verstrahlt. Besonders betroffen sind der Luftfilter des Motors und alle Teile, die während der Fahrt mit dem Straßenstaub (Fall-out) in Berührung kommen. Sollten Sie Ihre Wohnung erreichen und eine Garage besitzen, so schätzen Sie ab, wie verstrahlt Ihr Wagen bereits sein kann. Beim geringsten Zweifel lassen Sie den Wagen unbedingt auf der Straße stehen!

Die Wahl Ihres Schutzortes hängt davon ab, wie weit Sie in der Ihnen verbleibenden Zeit noch kommen. Es hat keinen Sinn, einen relativ sicheren, doch weit entfernten **15 Min. oder mehr**

Alarmtabelle

Ort anzusteuern, wenn Sie dort schwer verstrahlt ankommen!

Stellen Sie fest, wieviel Zeit Ihnen noch verbleibt, um einen schützenden Raum zu erreichen. Als Autofahrer rechnen Sie mit »X plus 5 Minuten«; das bedeutet, daß Sie rund fünf Minuten brauchen, um Ihren Wagen abzustellen, auszusteigen, den Wagen zu verschließen, zur Haustüre zu laufen, aufzuschließen oder zu läuten, hineinzugehen und die Türe zu verschließen.

Überlegen Sie schnell, was Sie auf dem Weg in Ihre Wohnung oder in den Schutzraum noch einkaufen können.

- *Der Einkauf muß sehr schnell erfolgen! Sparen Sie nicht an Plastiktüten beim Einpacken: Eine überfüllte und zu schwer beladene Plastiktüte kann in der Hand reißen; Sie verlieren dadurch möglicherweise nicht nur wichtige Güter, sondern auch kostbare Zeit.*
- *Wählen Sie möglichst fest und luftdicht verpackte Lebensmittel! Es ist nicht vorherzusagen, ob Sie Ihre Wohnung oder den Schutzraum erreichen, ehe die radioaktive Wolke Sie erreicht. Nur gut verpackte Lebensmittel lassen sich dann noch verwenden.*
- *Kaufen Sie auf jeden Fall etwas ein! Wenn Sie genötigt sind, in einer fremden Wohnung oder einem öffentlichen Gebäude Schutz zu suchen, werden Sie die Lebensmittel brauchen!*
- *Vergessen Sie nicht die wichtigsten Hygieneartikel.*

Denken Sie daran, daß sich während Ihrer Flucht die Windrichtung drehen kann: Sie können dann tatsächlich vom Regen in die radioaktive Traufe geraten!

Richtiges Verhalten im Freien

Möglicherweise werden Polizei, Bundesgrenzschutz oder Angehörige der Bundeswehr Sie daran hindern, in bestimmte Gebiete hineinzufahren oder diese Gebiete zu verlassen. Die bereits rechtsgültigen Notstandsgesetze ermöglichen dies. Befolgen Sie die Aufforderungen der Sicherheitsbehörden. Überlegen Sie, warum diese Anweisungen gegeben worden sind. Bei einer solchen Katastrophe, wie sie ein Reaktorunfall darstellt, sollte sich Ihr Verhalten jedoch auch nach ungeschriebenen moralischen Gesetzen richten.

Denken Sie daran, daß Sie möglicherweise so stark verstrahlt sein können, daß Sie zu einer Gefahr für andere geworden sind.
Wenn Sie sich nur etwas schwach fühlen (vgl. S. 151 ff.), suchen Sie eine Unterkunft auf. Denn wenn Sie strahlenkrank sind, braucht Ihr Körper Ruhe und alle verfügbare Kraft, um diese Schädigung zu überwinden.

Rufen Sie Ihre Familie an und sagen Sie Bescheid, wo Sie stecken und was Sie vorhaben. Sie beruhigen damit Ihre Angehörigen und motivieren sie, selbst für sich zu sorgen. Sagen Sie, wann Sie voraussichtlich kommen werden. Kündigen Sie an, daß Sie sich sofort waschen und abduschen (dekontaminieren) müssen. Auch soll frische Bekleidung besorgt oder vorbereitet werden. Sie können auch angeben, wer noch informiert werden soll. Ist der Anschluß Ihrer Familie besetzt, versuchen Sie es sofort bei jemandem aus Ihrem Freundes- oder Verwandtenkreis; er soll dann die Familie benachrichtigen. Wer im »sicheren« Haus sitzt, hat auf jeden Fall mehr Zeit als Sie.

Der Ernstfall

Bedrohung durch Strahlen — Ihr Risiko zwischen Normalfall und GaU

Wenn Sie sich nicht völlig hilflos den oft verschleiernden oder gar bewußt unwahren Angaben von Politikern, Behörden oder Wissenschaftlern ausliefern wollen, müssen Sie wissen, um was es bei der Atomenergie eigentlich geht.

Schon die Sprache der Wissenschaftler schafft Probleme: »Die Analyse dieser Faktoren zeigt, daß beispielsweise die beiden Strontiumisotope Sr 89 und Sr 90 eine Strahlendosis der Knochenoberfläche von fünf mrem bewirken. Verglichen auf der Basis der effektiven Dosis ist der Beitrag der Strontiumisotope etwa ein Prozent der Cäsiumisotope . . .«

Die Wissenschaftler werden ihren Jargon sicher nicht ändern. Politiker und manch andere werden deren Texte auch oder besonders dann nachbeten, wenn sie diese nicht verstehen. Das kann aber bedeuten, daß wesentliche Informationen im Durcheinander einer Katastrophe beim betroffenen Bürger »nicht ankommen«.

Deshalb wird in den nächsten Kapiteln versucht, Hinweise zu geben, was man bei einem Reaktorunfall wissen muß und wie man sich dann richtig verhält. Natürlich kann die Liste der Anregungen nicht komplett sein, denn jede Situation erfordert eine eigene Lagebeurteilung.

Sicherlich ist es für die meisten sehr unangenehm, sich mit diesem Thema zu befassen. Da aber die Reaktoren in unserem Land und auch in fast allen Nachbarländern in Betrieb sind und zudem noch weitere gebaut werden, ist die Vorbereitung auf den »Ernstfall« ein notwendiger Tribut an die Energiewirtschaft.

Der Ernstfall ist nichts Außergewöhnliches. Zwar unterscheidet man beim Zustand eines Kernkraftwerks allgemein zwischen Normalbetrieb, Anomalem Betrieb, Störfall und Reaktorunfall. Jedoch zeigt schon der tägliche Betrieb selbst der technisch gelobten deutschen Kernkraftwerke, daß diese Bezeichnungen an der Wirklichkeit vorbeigehen. Der Störfall ist durchaus normal. Manche Kernkraftwerke erreichten überhaupt nie einen störungsfreien Normalbetrieb.

Der Sprachgebrauch derer, die an und in kerntechnischen Anlagen arbeiten, ist für Außenstehende ähnlich verwirrend wie die Technik der Kernreaktoren selbst. Die Bedeutung der wichtigsten kerntechnischen Begriffe ist in der DIN 25 401 festgelegt. Ihr zufolge umfaßt der »bestimmungsgemäße«, also der störungsfreie Betrieb:

1. Betriebsvorgänge, für die die Anlage bei funktionsfähigem Zustand der Systeme (ungestörter Zustand) bestimmt und geeignet ist (Normalbetrieb)
2. Betriebsvorgänge, die bei Fehlfunktion von Anlageteilen oder Systemen (gestörter Zustand) ablaufen, soweit hierbei einer Fortführung des Betriebes sicherheitstechnische Gründe nicht entgegenstehen (Sogenannter anomaler Betrieb).

Das heißt, daß man auch dann noch von einem bestimmungsgemäßen Betrieb spricht, wenn Teile der Anlage zwar noch arbeiten, ihre Aufgabe jedoch nicht mehr erfüllen.

Unter Störung versteht man das Fehlverhalten einer Komponente, eines Bauteils oder eines Systems. Von einem Ausfall spricht man jedoch erst dann, wenn eine Komponente derart versagt, daß sie den an sie gestellten Anforderungen überhaupt nicht mehr gerecht wird. Als Störfall bezeichnet man einen »Ereignisablauf, bei dessen Eintreten der Betrieb der Anlage aus sicherheitstechnischen Gründen nicht fortgeführt werden kann, für dessen Beherrschung die Anlage jedoch ausgelegt ist«. Das heißt, der Reaktor wird sicherheitshalber abgeschaltet, obwohl er den Störfaktor ohne Folgen für seine Umgebung verkraften sollte.

Einen Reaktorunfall räumt man erst dann ein, wenn eine Anlage einen Ereignisablauf nicht beherrschen kann, wobei sie »aus sicherheitstechnischen Gründen« nicht mehr weiterbetrieben wird. Die nukleare Kettenreaktion muß also unterbrochen werden. Sofern dies überhaupt noch möglich ist.

Ein GaU (auch geschrieben: GAU) schließlich ist der »Größte anzunehmende Unfall«. Als GaU wird der größte technische Störfall bezeichnet, der nach menschlichem Ermessen in einer Anlage möglich ist.

Bei den Überlegungen, welches die bedrohlichste Störung in einem Kernrekator ist, entschied man sich für den plötzlichen doppelendigen Bruch der größten primärkühlmittelführenden Rohrleitung. Tritt dieser Fall ein, so wird ein Überhitzen des Reaktorkerns möglich; er droht zu schmelzen. Kann der Verlust des Kühlmittels nicht rechtzeitig durch andere Sicherheitseinrichtungen ausgeglichen werden, so ist zu befürchten, daß die Kernspaltung außer Kontrolle gerät. Nur solange noch eine Sicherheitshülle den Reaktorkern umgibt, ist dann ein Verseuchen riesiger Gebiete zu verhindern. In Harrisburg hielt nur noch diese letzte Hülle, in Tschernobyl lag sie nach einer Explosion in Trümmern.

So weit muß es aber gar nicht kommen. Schon im Normalbetrieb belasten Kernkraftwerke ihre Umgebung mit radioaktiven Stoffen, die sowohl über den Kamin als auch über die Abwasserleitung abgegeben werden. Nach Angaben der Kernenergie-Unternehmen liegt diese Belastung bei 0,1 Millirem jährlich. Dem stehen zahlreiche Messungen entgegen. So belastete das Kernkraftwerk Obrigheim 1971—75 seine Umgebung jährlich mit 50—250 Millirem. Beim Kernforschungszentrum Karlsruhe waren es 1973 gar 1500 Millirem; 1974 wurden noch 330 Millirem gemessen, 1975 noch 300 Millirem.

Erst wenn man die große Zahl der betriebenen Kernkraftwerke berücksichtigt, erhalten solche Werte die Bedeutung, die ihnen gebührt. Weltweit wurden Ende 1985 nach einer Aufstellung der Internationalen Atomenergie-Organisation (IAEO) 374 Kernreaktoren betrieben. Allein in Europa waren es im April 1986 nach Angaben der Bauherren und Hersteller 211 Kraftwerksblöcke. Davon stehen 145 in elf westeuropäischen Staaten. Die übrigen 66 arbeiten in fünf osteuropäischen Ländern. Weitere 91 Kraftwerksblöcke sind derzeit in Bau, 38 in westeuropäischen, die anderen in osteuropäischen Staaten.

Mit einem Atomstromanteil von 31 % liegt die bundesdeutsche Energiewirtschaft im Weltvergleich an siebter Stelle. Unsere Nachbarn haben sich teilweise noch stärker von der Kernenergie abhängig gemacht. Die Schweiz liegt mit einem Atomstromanteil von 46 % an vierter Stelle in der Welt, Belgien mit 60 % an der zweiten. Frankreich ist sogar internationaler Kernkraft-Spitzenreiter: mit 65 % Nuklearenergie hat sich das Land zwischen Nordsee und Mittelmeer schon heute auf Gedeih und Verderb dem Atomstrom ausgeliefert.

Mancher mag die von Kernkraftwerken freigesetzte Radioaktivität noch mit einer Handbewegung »vom Tisch wischen« wollen. Bei einer Wiederaufbereitungsanlage für abgebrannte Brennelemente (WAA) liegt die austretende Radioaktivität jedoch erheblich höher. Um sich die damit verbundene Gefahr vergegenwärtigen zu können, muß man einiges über die Eigenart radioaktiver Stoffe wissen.

Sie sind im wesentlichen gekennzeichnet durch ihre Halbwertszeit und ihre Aktivität. Die Aktivität gibt an, wie »aktiv« ein Stoff ist. Sie ist also ein Maß für die Anzahl der radioaktiven Zerfälle. Die Aktivität wird in Becquerel (Bq) angegeben; die Benennung Curie (Ci) wurde amtlich bis zum 31. 12. 1978 verwendet. 1 Bq bedeutet einen Zerfall je Sekunde; 1 Ci entspricht 37 Milliarden Bq. Aussagekräftig ist diese Größe allerdings erst in Zusammenhang mit einer Flächen-, Raum- oder Mengeneinheit, z. B. »20 Becquerel je Liter Milch«. Die Halbwertszeit dagegen gibt an, nach welcher Zeit ein radioaktiver Stoff zur Hälfte zerfallen ist. Das bedeutet beispielsweise bei Tritium, dessen Halbwertszeit rund 12 Jahre beträgt, daß nach

12 Jahren noch immer die Hälfte des Tritiums radioaktiv ist. Nach 24 Jahren bleibt noch die Hälfte der Hälfte, also ein Viertel übrig — und so weiter.

In einem Kernkraftwerk wird jährlich Tritium mit etwa 20 Ci frei. Die Umgebung einer Wiederaufbereitungsanlage muß aber in der gleichen Zeitspanne 1 Million Ci durch Tritium verkraften! Dieser Stoff fällt zu 85 % im Abwasser, zu 5 % im Prozeßabgas und zu 10 % in anderen Abfällen an. Da Tritium überschwerer Wasserstoff ist, verhält es sich chemisch ebenso wie »normaler« Wasserstoff. Deshalb ist es fraglich, ob eine Abtrennung des Tritiums von nicht-strahlenden Abfällen auf chemischem Weg — insbesondere großtechnisch — überhaupt möglich ist. Allerdings kann man das anfallende Tritium auch nicht einfach dem Abwasser anvertrauen. Man brauchte nämlich doppelt soviel Wasser, wie auf die gesamte Bundesrepublik niederfällt, um eine einzige Wiederaufbereitungsanlage zu versorgen — vorausgesetzt, man will die »maximal zulässigen Konzentrationen« im Flußwasser nicht überschreiten.

Ähnlich schwierig ist der Umgang mit dem Isotop Krypton 85. Es hat eine Halbwertszeit von 10,8 Jahren und wird schon von einem Kraftwerk in einer Menge von etwa 700 Ci jährlich ausgestoßen. Eine Wiederaufbereitungsanlage gar soll ihre Umgebung jährlich in der unvorstellbaren Größenordnung von 10 Millionen Ci belasten. Alljährlich würde das etwa 370 Billiarden (370 000 000 000 000 000) Zerfälle bedeuten — allein bei Krypton 85.

Um die Größe dieser Zahl zu verdeutlichen: Stellt man sich jeden Zerfall als einen Buchstaben vor, und reiht auf einer Buchseite 1850 Buchstaben aneinander, geht schließlich davon aus, daß ein Buch von 1000 Seiten zehn Zentimeter stark ist, so ergäbe sich eine gigantische Buchreihe mit einer Länge von 2 Millionen Kilometern; sie würde gerade 50mal um die Erde reichen.

Dagegen nehmen sich die 14,8 Milliarden Zerfälle des Isotops Jod 129 geradezu bescheiden aus. Allerdings ist seine Halbwertszeit beeindruckend: Sie beträgt 15,7 Millionen Jahre. Nach dieser Zeit wird also noch immer die Hälfte der ursprünglichen Menge an radioaktiven Strahlen erzeugt. Zum Vergleich: Für Wissenschaftler steht heute fest, daß der Planet Erde vor rund 4,5 Millionen Jahren entstanden ist.

Von Kernkraftwerken und Wiederaufbereitungsanlagen gehen also schon im störungsfreien Normalbetrieb ganz erhebliche Belastungen aus. Der Gedanke jedoch, daß der Normalbetrieb wenigstens auch der Normalfall sei, ist völlig falsch. Und leider weit verbreitet.

Beispielsweise ereigneten sich in bundesdeutschen Atomreaktoren schon nach Angaben des Innenministeriums in Bonn von 1982 bis 1984 genau 427 Störfälle. Bei 17 Kernkraftwerken bedeutet das, daß je Kraftwerk durchschnittlich alle 44 Kalendertage ein Störfall eintritt. 123 dieser Vorkommnisse waren laut Innenministerium auf ein Versagen von Komponenten und Bauteilen, 103 auf fehlerhafte Bedienung, Wartung, Reparatur und Montage zurückzuführen. Die übrigen Störfälle hatten »andere Ursachen«, oder die Ursache war nicht zu ermitteln. Ein Dr. Ing. Erich H. Schulz zählte in seinem bereits 1966 erschienenen Buch über »Vorkommnisse und Strahlenunfälle in kerntechnischen Anlagen« etwa 30 000 bis dahin bekanntgewordene Störfälle auf, von denen er ungefähr 1000 in Einzelheiten beschreibt.

Eine auch nur annähernd vollständige Liste der Störfälle in Kernkraftwerken für die Zeit nach 1966 gibt es nicht. Es sind zu viele. Einige wahllos herausgegriffene Vorkommnisse aus der jüngeren Vergangenheit vermitteln einen Eindruck davon, was in kerntechnischen Anlagen möglich ist. Sie belegen deutlich, warum der Normalfall tatsächlich längst der nukleare Ernstfall ist.

● Das Kernkraftwerk Sequoyah im US-Bundesstaat Tennessee meldete 1980 sage und schreibe 238 verschiedene Zwischenfälle – obwohl es nur rund sechs Wochen in Betrieb war. Insgesamt gab es in diesem Jahr in den Vereinigten

Staaten von Amerika mehr als 3000 verschiedene Zwischenfälle in kerntechnischen Anlagen.
- Etwa vierzig Tonnen radioaktives Abwasser wurden zwischen dem 8. März und dem 15. April 1981 aus dem Kernkraftwerk Tsuruga/Japan ins Meer geleitet. 56 Arbeiter im Kraftwerk und die Bucht von Urasuke wurden verseucht. Mitarbeiter des Kraftwerks hatten zwar wochenlang von einem Leck in den Schutzeinrichtungen gewußt, ihr Unternehmen aber gedeckt.
- Der Bund für Umwelt und Naturschutz (BUND) legte im Mai 1982 eine Dokumentation vor, derzufolge sich zwischen Mai 1975 und September 1977 im Kernkraftwerk Biblis 56 Störfälle ereignet haben sollten. Das zuständige hessische Wirtschaftsministerium bestritt dies und sprach statt dessen von »Besonderen Vorkommnissen«, bei denen die Werte des Normalbetriebs kurzfristig überschritten worden wären. Und das Bundesinnenministerium bezichtigte den BUND, seine Unterlagen wahrscheinlich nach einem Einbruch bei der Gesellschaft für Reaktorsicherheit in Köln erhalten zu haben.
- Aus dem Kamin des Versuchsatomkraftwerks Kahl gelangten im Mai 1982 radioaktive Gase und Schwebeteilchen ins Freie. Die Meßgeräte in Kahl zeigten erhöhte Strahlungswerte an. Wie gewohnt konnte das Bayerische Umweltministerium anschließend jedoch melden, die »Gammadosisleistung von 10,8 Mikroröntgen« habe »im mehrjährig beobachteten Schwankungsbereich« gelegen.
- Anfang 1982 gab es in über vierzig Kernkraftwerken der Vereinigten Staaten von Amerika undichte Rohre in Dampfgeneratoren. Nach Angaben der amerikanischen Nuklearkommission wurden die Mitarbeiter dadurch stark radioaktiv belastet. Dennoch seien Ausbesserungen »vollkommen unmöglich« gewesen, da die Kosten je Kraftwerk über 500 000 Dollar gelegen hätten.
- Die Hanauer Reaktor-Brennelement Union leitete im

November 1985 Abwasser in die Kanalisation, das den zulässigen Wert von 3,7 Becquerel je Milliliter deutlich überschritt. Nach Angaben des Unternehmens hatte ein Beschäftigter den Hebel zum Ablassen des Abwassers bedient, obgleich die Meßinstrumente überhöhte Werte von wenigstens 5,1 Becquerel je Milliliter anzeigten. So flossen 240 000 Liter radioaktiv verseuchtes Wasser in die städtische Kläranlage und schließlich in den Main.
- Mitte März 1986 mußten innerhalb von zehn Tagen drei britische Kernkraftwerke abgeschaltet werden, zuletzt das ostenglische Kraftwerk Sizewell. Innerhalb von vier Stunden waren dort acht Tonnen radioaktiven Gases ausgeströmt. Zu dem Störfall kam es, kurz nachdem der Reaktor im Anschluß an eine viermonatige Reparatur wieder in Betrieb genommen wurde. In einer Erklärung des Betreiber-Unternehmens hieß es, alljährlich gebe es etwa zehn dieser Störfälle. Sie seien nicht meldepflichtig.

Amtliche Statistiken über Störfälle erwecken oft den Eindruck peinlicher Genauigkeit. Bei ihrer Durchsicht muß man jedoch wissen, daß nicht jede Unregelmäßigkeit im Betrieb eines Kernkraftwerkes darin erfaßt wird. So müssen Störfälle nur dann der Aufsichtsbehörde gemeldet werden, wenn sie ein Abschalten eines Reaktors erforderlich machen. Grundsätzlich wird als Störfall nur gewertet, was in den einschlägigen Unterlagen als Störfall vorgesehen ist. Das gilt besonders für die deutschen Kernkraftwerke, wo mehr als irgendwo anders alles durch Vorschriften geregelt ist.

Für den Thorium-Hochtemperaturreaktor in Hamm-Uentrop etwa wurden in fünfzehn Jahren riesige Mengen Papier beschrieben: Fertigungspläne, Betriebsanleitungen, TÜV-Unterlagen. So viel Papier, daß fünf 18-Tonnen-Lastwagen zum Transport nicht ausreichen würden. Und dennoch war auf keiner Seite all dieser Papiere ein Zwischenfall vorgesehen, wie er sich am 4. 5. 1986 eben doch ereignete.

An diesem Tag soll der Mann im Leitstand 41 »Absorberelemente«, mit denen die Kettenreaktion gesteuert wird, in ein Rohr geben. Durch dieses Rohr gelangen die Absorberelemente über Hunderte von Metern in den Reaktorkern. Warum es gerade 41 der mit Bor gefüllten Graphitkugeln sein müssen, ist nicht so recht klar. Die Automatik, die sonst für das Einspeisen der Kugeln sorgt, kann nämlich nur wenigstens sechzig Kugeln füttern – sie abzustellen ist nur in Notfällen zulässig. Doch die Automatik wird abgestellt. Eine der eingefüllten Graphitkugeln bleibt in der Beschickungsanlage stecken. Der Leitstandfahrer stellt wieder auf Automatik und versucht, die Kugel mit Gasdruck freizubekommen. Das mißlingt. Mittlerweile ist aber stark radioaktiv belastetes Helium durch die Schleuse und – über ein irrtümlich geöffnetes Ventil – in den Kamin gelangt. Alarm ertönt. Die Männer im Reaktor reagieren gelassen. Sechs Stunden lang versucht der Leitstandfahrer, die Röhre freizubekommen. Er wechselt immer wieder zwischen Automatik- und Handbetrieb, schießt mehr als zwanzig weitere Graphitkugeln in die Beschickungsanlage, in der Hoffnung, sie könnten die verklemmte mit hinausstoßen. Beim Schichtende blockiert die Kugel noch immer. Der Leitstandfahrer der nächsten Schicht übernimmt die undankbare Aufgabe. Irgendwann blockiert auch der Hebearm, der die Kugeln durch den Reaktor bewegt. Die Anlage muß abgeschaltet werden.

Die Betreibergesellschaft teilt noch am 12. 5. 1986 den nordrhein-westfälischen Landtagsabgeordneten mit, Gerüchte über Schwierigkeiten im Hamm-Uentroper Reaktor entbehren jeder Grundlage. Mitarbeiter des Darmstädter Öko-Institutes haben aber schon Anfang Mai die Strahlung in der Nähe des Reaktors gemessen. Ihre Werte deuteten darauf hin, daß der Hochtemperaturreaktor seine Umgebung dreimal so stark radioaktiv belastete, wie es die aus Tschernobyl herübergewehten Stoffe zur selben Zeit am selben Ort taten. Die Mitarbeiter des Öko-Institutes hatten sowohl die Beta- als auch die Gammastrahlung gemessen. Die Betreiber des Kernkraftwerks begnügten sich mit dem Messen der Beta-Strahlung.

Dieser Zwischenfall war im Vergleich zu anderen keineswegs schwerwiegend. Das Besorgniserregende an diesem Fall ist in erster Linie die von den Betreibern des Kernkraftwerkes entwickelte Eigenständigkeit. Sie bestritten kurzerhand, daß in ihrer Anlage ein meldepflichtiger Störfall stattgefunden hatte.

Und dieses Verhalten ist kein Einzelfall. Es ist nicht kontrollierbar, wie oft derartige Zwischenfälle verschwiegen werden, weil sich die Kernkraftwerksbetreiber dadurch manch lästige Nachfrage vom Leib halten.

Ebenso wie die Zahl der Störfälle ist auch ihre Wirkung umstritten. Die Meinungen darüber, welche Schäden radioaktive Strahlung hervorrufen können, gehen weit auseinander. Naturgemäß sehen die Betreiber der Kernkraftwerke die wenigsten Gefahren. Sollten sie recht haben, so hat sich seit der Entdeckung der Kernspaltung eine ganz eigenartige Reihe von Zufällen ereignet. Einige dieser »Zufälle« seien willkürlich herausgegriffen:

- In den US-Bundesstaaten New York und Pennsylvania starben im Monat Juli 1979 271 Kinder. Im März 1979 waren es nur 141 Kinder gewesen. Dazwischen lag der GaU im Reaktor Three-Mile-Island. In den Jahren zuvor war die Kindersterblichkeit in den Sommermonaten stets erkennbar gesunken.
- 1981 begannen die Hinterbliebenen zweier an Brustkrebs gestorbener Mitarbeiter des amerikanischen Atomversuchsgeländes in Nevada den Weg durch die Gerichtsinstanzen. Neben den beiden Männern waren weitere 200 im Versuchsgelände Beschäftigte an Krebs erkrankt. Die Anwälte der US-Bundesregierung mochten keinen ursächlichen Zusammenhang zwischen Strahlenlecks und den Erkrankungen erkennen.
- In der Umgebung des schottischen Kernkraftwerkes Dounreay erkrankten zwischen 1979 und 1983 fünf Kinder an Leukämie — einer Krankheit, für die radioaktive Strahlung als Ursache in Frage kommt. Nach der statistischen Wahr-

scheinlichkeit dürfte im untersuchten Gebiet nur ein einziger Fall von Leukämie innerhalb von zehn Jahren auftreten.
- Untersuchungen der Wälder um sieben kerntechnische Anlagen in der Bundesrepublik haben Waldschäden belegt, die eindeutig höher waren als die Schäden in der weiteren Umgebung. Die von dem Biologen und Geographen Prof. Günther Reichelt durchgeführten Kartierungen ergaben, daß die Bäume in unmittelbarer Nähe der Kernkraft-Anlagen besonders stark geschädigt sind. Der Grad der Schädigung nimmt mit zunehmender Entfernung vom Kraftwerk kontinuierlich ab, bis er schließlich den für die jeweilige Gegend charakteristischen Wert erreicht hat. Das Bayerische Umweltministerium bestritt die Richtigkeit der Untersuchungen mit Hinweis auf anders verlaufene Labortests. Und die Betreiber der kerntechnischen Anlagen reagierten auf die Anwürfe in bewährter Manier: Ein ursächlicher Zusammenhang sei nicht nachweisbar.

Es ist nicht etwa so, daß die Betreiber von Kernkraftwerken sich keine Gedanken über die Gefahren machten, die von ihren Anlagen ausgehen. Sie lassen »Risikostudien« anfertigen. Allerdings kommen diese Studien zu dubiosen Ergebnissen.
Am 14. 8.1979 legte Prof. Dr. A. Birkhofer, der Geschäftsführer der Deutschen Gesellschaft für Reaktorsicherheit, nach dreijähriger Arbeit die bis dahin umfassendste deutsche Risikostudie vor. Darin heißt es: »Die Eintrittshäufigkeit für einen Kernschmelzfall wird mit etwa 1:10 000 pro Reaktorbetriebsjahr geschätzt.« Demnach dürfte ein Reaktorkern nur einmal in zehntausend Jahren schmelzen.«
In Tschernobyl ist der Reaktorkern geschmolzen. Man kann einwenden: Die Aussage in der Studie war ja auch nur eine Schätzung. Alle Aussagen über das Risiko kerntechnischer Anlagen sind letztlich nur Schätzungen. Störungen an einem Atomreaktor lassen sich so gut oder so schlecht vorausberechnen wie Störungen an einem Mittelklassewagen.

Doch die GaU-losen Jahrzehnte haben Politiker und Kernkraftwerksbetreiber sorglos gemacht. Die Empfindlichkeit gegenüber kritischen Gedanken ist ungleich größer als die Empfindlichkeit im Umgang mit der Radioaktivität selbst. Die Sorglosigkeit kann so weit gehen wie im Atomenergie-begeisterten Frankreich, wo der GaU als normales Betriebsrisiko hingenommen wird.

Einmal in 25 Jahren, so sagt eine Sicherheitsstudie der französischen Elektrizitätsgesellschaft Electricité de France für das Kernkraftwerk Cattenom, sei der Bruch des Primärkreislaufes zu erwarten. Mit dem Austreten radioaktiv veseuchten Wassers aus dem Sekundärkreislauf sei einmal jährlich zu rechnen. Das Durchbrennen des Reaktorkerns sei nicht auszuschließen, weil der Reaktor über kein Notabschaltsystem verfüge. Alles in allem ist die Störanfälligkeit des Reaktors an der Mosel hundertmal so hoch wie die vergleichbarer deutscher Kraftwerke.

Nach Aussage des bundesdeutschen Regierungssprechers Friedhelm Ost enthält der Bericht über Cattenom keine Sicherheitsbedenken. Er liege der Bundesregierung seit 1982 vor. Es handle sich um eine vertrauliche Unterlage, die nicht zur Veröffentlichung bestimmt sei.

Alarm — und das Chaos beginnt

Was (sich) die Behörden leisten, wenn die Sirenen heulen

Ein Tag wie jeder andere. Die Sonne scheint — oder auch nicht. Sie stehen auf, frühstücken gemütlich, fahren zur Arbeit oder gehen einkaufen. Sie treffen Freunde, sitzen im Café.
Aus dem Lärm des Stadtverkehrs erhebt sich, erst leise, dann immer lauter anschwellend, ein ungewohnter, häßlicher, furchterregender Ton. Hunderte von Sirenen heulen: Alarm! Alarm!
Es begann vor Stunden. In dem Kernkraftwerk unweit Ihrer Stadt fand ein Störfall statt. Fieberhaft arbeiteten die Ingenieure an seiner Beseitigung. Alles Menschenmögliche, wie es später hieß, wurde versucht — doch vergebens: Der Reaktorkern schmolz, die Kuppel des Kraftwerks barst nach einer Explosion. Schlagartig wurde die Umgebung radioaktiv verseucht, ungehindert verbreitete sich die Strahlung. Die Behörden wurden verständigt, hastig die Bevölkerung alarmiert.
Nur durch schnelles Handeln können Sie sich, Ihre Familie oder Freunde jetzt noch schützen oder retten. Nehmen Sie deswegen jeden Alarm ernst! Informieren Sie sich unverzüglich, was es damit auf sich hat. Denn vielleicht bleibt Ihnen nicht mehr viel Zeit, richtig zu reagieren. Ihre Vorsicht, die andere möglicherweise verspotten, kann Ihnen vielleicht das Leben retten. Denn wenn Sie den Ernst der Situation nicht sofort begreifen, kann es schon bald zu spät sein: Dann sind durch Flüchtende die Straßen verstopft, oder die radioaktive Strahlung setzt bereits ein!
Vergessen Sie niemals: Sie können diese Strahlen nicht riechen, sehen, fühlen oder schmecken.
Prägen Sie sich die Sirenensignale ein!

Sirenensignale

... im Frieden

Rundfunk einschalten – auf Durchsage achten

1 Minute Heulton

Feueralarm

1 Minute Dauerton zweimal unterbrochen

Katastrophenalarm

1 Minute Dauerton zweimal unterbrochen, nach 12 Sekunden Pause 1 Minute Dauerton

... im Verteidigungsfall

Luftalarm

1 Minute Heulton

ABC-Alarm

1 Minute Heulton zweimal unterbrochen, nach 30 Sekunden Pause-Wiederholung

Entwarnung

1 Minute Dauerton

Warten Sie nicht auf die Schutzmaßnahmen der Behörden, sondern führen Sie Ihre Selbstschutzmaßnahmen durch! Beachten Sie die Alarmliste auf S. 30 ff.!

Alarmierung durch die Behörden im Katastrophenfall

Der Schutz bei Katastrophen, die nicht durch einen Verteidigungsfall verursacht worden sind, ist in der Bundesrepublik Deutschland Aufgabe der Länder. Hierfür sind also die Behörden der Landkreise, der Gemeinden und Städte zuständig. Jedoch helfen noch eine Reihe von anderen Organisationen im Ernstfall mit. Das sind beispielsweise:
- die Berufs- und freiwilligen Feuerwehren der Gemeinden
- die privaten Hilfsorganistionen, wie der Malteser-Hilfsdienst, das Rote Kreuz und andere
- private Unternehmen und öffentliche Einrichtungen, die eigene Kapazitäten zum Katastrophenschutz bereitgestellt haben, beispielsweise in Form von Betriebsschutzräumen.

Das sogenannte Atomgesetz, das »Gesetz über die friedliche Verwendung der Kernenergie und den Schutz gegen ihre Gefahren«, ist die Grundlage der gesamten Kernenergienutzung. Es wurde 1959 verabschiedet und 1976 überarbeitet. In der letzten Fassung sind für die Betreiber einige besondere Vorschriften aufgenommen worden, die sich mit den besonderen Gefahren, die von Kernbrennstoffen ausgehen können, befassen. Niemand jedoch dachte damals ernsthaft an großflächige Verseuchungen durch eine Explosion oder eine Kernschmelzung. Die betreffenden Gefahren waren damals nur hypothetisch. Konsequenzen für den Schutz der Bevölkerung blieben weitgehend unscharf formuliert und waren nur theoretisch geplant. Erst die regionalen Katastrophenpläne für die Umgebung kerntechnischer Anlagen legten genaue Vorgehensweisen fest. Sie sind jedoch auf einen Umkreis von rund 30 Kilometer um das Kernkraftwerk beschränkt. Einen Katastrophenplan für das überregionale Vorgehen nach einer atomaren Katastrophe gibt es nicht.

Die regionalen Katastrophenschutzpläne »für die Umgebung kerntechnischer Anlagen« basieren zum einen auf den Katastrophenschutz-Gesetzen der Bundesländer und zum anderen auf einem 1975 verabschiedeten Beschluß der Länderausschüsse, der bundesweit geltenden »Rahmenempfehlung des Bundesinnenministers für den Katastrophenschutz in der Umgebung kerntechnischer Anlagen«.

Diese Rahmenempfehlung geht von einer regionalen Eingrenzung des Katastrophenschutzes auf das unmittelbare Gebiet um das Atomkraftwerk aus. Dieses Gebiet wird unterteilt in die Kernzone, die Mittelzone und die Außenzone. Sie legen sich kreisförmig um das Atomkraftwerk. Der Radius der Kernzone beträgt zwei Kilometer, jener der Mittelzone zehn Kilometer und jener der Außenzone schließlich 25 Kilometer (vgl. Karte S. 61). Jede dieser Zonen ist wiederum in Sektoren, in »Zuständigkeitsbereiche« unterteilt.

Außerhalb dieses Gebietes sind die Behörden des Landkreises für die Versorgung im Katastrophenfall nicht mehr zuständig. Bei weitreichenderen Auswirkungen müssen sich deswegen die Katastrophenschutz-Organisationen der einzelnen Gemeinden, sofern sie dazu bereit und in der Lage sind, immer wieder neu koordinieren. Der schnelle und gezielte Einsatz der Hilfskräfte im Katastrophenfall wird damit sicherlich nicht erleichtert.

Um zumindest in dem 30-Kilometer-Umkreis um das Atomkraftwerk eine — so die Verfasser der Rahmenempfehlung — »volle Effektivität der Katastrophenschutzplanung zu gewährleisten«, werden die Betreiber der kerntechnischen Anlagen im sogenannten »Atomrechtlichen Genehmigungsverfahren« zu folgenden Maßnahmen verpflichtet:

- Die Betreiber müssen die zuständigen Behörden unverzüglich informieren, wenn sich »eine Situation, die eine Katastrophe bedeuten könnte«, anzeigt.

Schutzzonen um den Reaktor Hamm-Uentrop

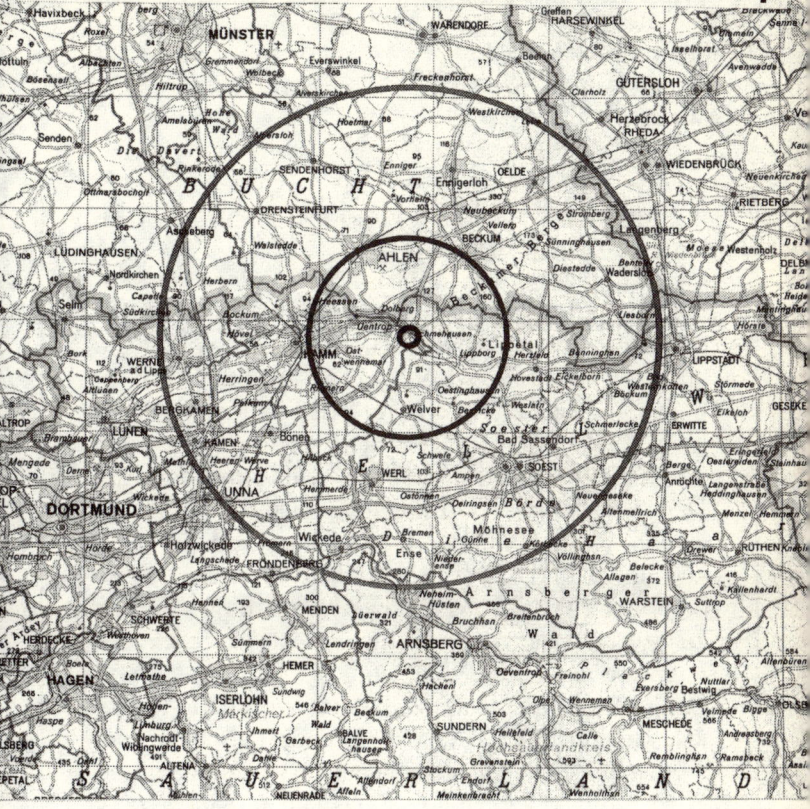

- Es muß ein »sachkundiger Verbindungsmann zur Katastrophenschutzleitung bereitgestellt sein«.
- Die Ergebnisse der ständig vorzunehmenden »Strahlenmessungen in der Umgebung der kerntechnischen Anlage« müssen fortlaufend der Katastrophenschutzleitung mitgeteilt werden.

Die Auslösung eines Katastrophenalarms bei kerntechnischen Anlagen kann auf drei Arten erfolgen:
1. Katastrophen-Voralarm
2. Sonderalarm Wasser
3. Katastrophenalarm.

<u>In folgenden Situationen lösen die Atomkraftwerksbetreiber Alarm aus:</u>

Der *Katastrophen-Voralarm* wird »bei einer Betriebsstörung in der kerntechnischen Anlage ausgelöst, bei der bisher noch keine oder nur geringe Auswirkungen auf die Umgebung eingetreten sind, die unter den für den Katastrophenalarm festgelegten Kriterien liegen, jedoch die Möglichkeit derartiger Auswirkungen nicht mit Sicherheit ausgeschlossen werden kann«.

Der *Sonderalarm Wasser* muß ausgelöst werden, »wenn eine gefahrbringende Einleitung von radioaktiven Stoffen in die Gewässer erfolgt ist, jedoch keine so erhebliche Freisetzung radioaktiver Stoffe in die Luft zu besorgen ist, daß die Kriterien zur Auslösung des Katastrophenalarms erfüllt sind«.

Der *Katastrophenalarm* schließlich wird dann ausgelöst, »wenn durch einen Unfall oder Störfall in der kerntechnischen Anlage eine gefahrbringende Freisetzung radioaktiver Stoffe in die Luft festgelegt oder unmittelbar zu besorgen ist«.

(Quelle: Rahmenempfehlung des Bundesministeriums des Inneren (BMI) für den Katastrophenschutz in der Umgebung kerntechnischer Anlagen, 1975)

Öffentliche Maßnahmen im Katastrophenfall

Der Betreiber eines Atomkraftwerkes meldet einen Störfall. Falls notwendig, löst die zuständige Behörde Alarm aus. Der Vorgang aber, bis die erste Information die betroffene Bevölkerung erreicht und dann die ersten offiziellen Schutzmaßnahmen veranlaßt werden können, dauert lange.
Erste Maßnahmen der Betreiber und Behörden sind:
- Alarmierung der zuständigen Behörden, Dienststellen und Hilfsdienste
- Zusammentreten der Katastrophenschutzleitung
- Festlegung des gefährdeten Gebietes in Abhängigkeit von meteorologischen Gegebenheiten unter Zugrundelegung der Zonen und Sektoren, beziehungsweise gegebenenfalls die nachträgliche Änderung
- Einsatz der Meßdienste, Durchführen von Messungen nach besonderem Plan
- Unterrichtung auch benachbarter Verwaltungseinheiten, sofern diese betroffen sein können.

Diese Vorgänge bis zur Unterrichtung von Behörden anderer betroffenen Landkreise laufen ab, bevor die Bevölkerung durch einen öffentlichen Alarm gewarnt wird. Kostbare Zeit kann vertan werden, wenn das Unglück auf einen Sonntag, Feiertag oder einen anderen dienstfreien Tag fallen sollte, wo viele Zuständige nicht oder nicht sofort erreichbar sind!
Die Alarmierung der Bevölkerung dient »zur Abwehr akuter Gefahren« und soll folgendermaßen ablaufen:
- die Unterrichtung der Bevölkerung nach vorbereitetem Text durch Lautsprecherwagen (s. Kasten unten), gegebenenfalls mit der Ankündigung der Ausgabe von Jodtabletten; erstreckt sich die Warnungsnotwendigkeit auf ein großflächiges Gebiet, sind die Einrichtungen des Warndienstes (Sirenen) zu nutzen und durch Rundfunk- und Fernsehdurchsagen zu ergänzen.
- Verkehrseinschränkungen nach vorbereitetem Plan.

Zusätzlich wird, jeweils »entsprechend den Erfordernissen«, durch die Behörden veranlaßt:
- die Evakuierung nach vorbereitetem Plan
- die Ausgabe von Jodtabletten
- der Transport und die Unterbringung von strahlenüberexponierten Personen
- die Warnung der flußabwärts gelegenen Wassergewinnungsstellen
- die Warnung der flußabwärts wohnenden Bevölkerung vor dem Gebrauch von Wasser, vor Wassersport und Fischfang
- die Warnung der Schiffahrt und eventuell die Einschränkung des Schiffahrtverkehrs.

<u>Rundfunk- oder Lautsprecherwagendurchsage (Beispiel):</u>
»ACHTUNG, ACHTUNG!
Wichtige Durchsage der Katastropheneinsatzleitung der Stadt A und des Landkreises B! Im Kernkraftwerk C hat sich ein kerntechnischer Unfall ereignet. Die Bevölkerung wird zum Schutze ihrer Gesundheit gebeten, in die Häuser zu gehen und alle Fenster und Türen zu schließen. Be- und Entlüftungsanlagen sind abzustellen, um eine Verseuchung Ihres Körpers, Ihrer Kleidung, Ihrer Wohn- und Wirtschaftsräume zu vermeiden. Schließen Sie Haustiere sofort in Wohnung oder Stall ein! Gehen Sie vorerst nicht mehr ins Freie! Wenn Sie im Freien waren, ziehen Sie sofort Ihre Oberbekleidung und Schuhe aus, und legen Sie sie vor dem Betreten der Wohnung im Freien ab! Reinigen Sie alle unbedeckten Körperteile wie Gesicht, Kopf und Hände mit Seife und unter fließendem Wasser! Ziehen Sie zu Hause nur Kleidung und Schuhe an, die Sie in Ihrer Wohnung hatten!

Essen und trinken Sie vorerst möglichst nichts oder nur aus im Hause vorhandenen Dosen, Gläsern oder staubdichten Packungen. Getränke nur aus verschlossenen Behältern und Flaschen! Essen Sie kein frisch geerntetes Obst und Gemüse, trinken Sie keine frisch gemolkene Milch und kein Wasser aus offenen Brunnenanlagen! Verfüttern Sie an Haustiere nur im Haus, in Scheune oder Stall gelagerte Futtermittel. Spülen Sie vor dem Tränken des Viehs die Tränkeimer oder -anlagen gut durch!

Aus Sicherheitsgründen wird der Bevölkerung, die in der Umgebung der betroffenen Gemeinden lebt, empfohlen, sich in die Häuser zu begeben.

Es wird davor gewarnt, sich außerhalb des Gemeindegebietes zu bewegen. Kraftfahrer werden gebeten, die genannten Gebiete im Raum D zu meiden. Es wird darauf aufmerksam gemacht, daß folgende Straßen für den überörtlichen Verkehr gesperrt sind: E, F, G.

Bleiben Sie ruhig und besonnen! Sie erhalten in Kürze weitere Mitteilungen.«

(Aus: Frankfurter Rundschau vom 28. 9. 1974, leicht verändert)

Nach der Alarmierung und der Durchführung erster Schutzmaßnahmen werden, so sieht es die Rahmenempfehlung des Bundesinnenministers vor, Maßnahmen »zur Beseitigung noch bestehender Gefahren« durchgeführt. Diese umfassen:
- die Sperrung kontaminierter Wassergewinnungsstellen
- die Sperrung stark kontaminierter Flächen
- die Dekontamination von Einsatzkräften und der betroffenen Bevölkerung, Inkorporationsmessungen und Dekorporation
- die ärztliche Betreuung und gegebenenfalls die Behandlung der Einsatzkräfte und der betroffenen Bevölkerung

- die Versorgung der Bevölkerung mit nicht kontaminierten Lebensmitteln und der Tiere mit nicht kontaminierten Futtermitteln
- die Dekontamination von Tieren beziehungsweise die Beseitigung stark kontaminierter Tiere, in Sonderfällen die Evakuierung und Beseitigung getöteter Tiere
- die Dekontamination von Verkehrswegen, Häusern, Gerätschaften und Fahrzeugen
- die Sicherstellung kontaminierter Lebensmittel und gegebenenfalls Dekontamination
- die Sicherstellung der Wasserversorgung, gegebenenfalls die Dekontamination des Wasserversorgungsnetzes
- die Sicherstellung kontaminierter Futtermittel.

So umfassend diese Maßnahmen auch erscheinen mögen, man darf sich nicht darüber hinwegtäuschen lassen, daß man zunächst völlig auf sich selbst gestellt ist. Da schnelles Handeln nach einer Katastrophe lebensrettend sein kann und wichtige Informationen auf Behördenwegen oftmals nur langsam und gefiltert an die Öffentlichkeit gelangen, ist Ihre Eigeninitiative unerläßlich.

i Am besten kann man sich schützen, wenn man die Gefahr frühzeitig erkennt. Welche Möglichkeiten haben Sie?

- Auswertung der üblichen Nachrichten. Wenn Sie aufmerksam die Presse verfolgen, werden Sie den Zustand mancher Atomkraftwerke mitbekommen: Es häufen sich die Meldungen über kleinere Störfälle oder »Stillegungen auf Zeit« wegen sogenannter Routinearbeiten oder Reparaturen.
- Kaufen Sie sich einen Geigerzähler. Es gibt bereits preiswerte Geräte, die zwar nicht die »letzten Feinheiten« anzeigen, aber eine massive Störung auf jeden Fall registrieren.
- Kaufen Sie sich eine Zimmerpflanze als »Warnpflanze«: die Tradeskantie. Diese pflegeleichte und hübsche Zimmer-

pflanze reagiert auf Radioaktivität! Wie die Deutsche Presse-Agentur im Mai 1983 meldete, ist diese Pflanze sogar empfindlicher als viele aufwendige Meßapparaturen. Eine Arbeitsgruppe aus Biologie- und Physikstudenten der Universität Bremen hat bei einem halbjährigen Versuch mit dieser Pflanze bestätigt bekommen, was schon aus Japan bekannt war: daß die feinen Staubblatthärchen der Tradeskantie bei überhöhter Radioaktivität ihre Farbe durch eine spontane Änderung der Erbsubstanz (Mutation) verändern. Die Mutationsrate stieg im Einflußbereich der Abluftfahne eines Reaktors zeitweise auf das Doppelte des normalen Wertes, wie die Universität Bremen berichtete. Als Ursache dafür wurde ein erhöhter Ausstoß von radioaktiven Stoffen aus dem Kernkraftwerk nach einem Test des Reaktor-Sicherheitssystems vermutet.

Geben Sie Ihr Wissen rechtzeitig Ihren Angehörigen und Freunden weiter, damit diese im Ernstfall bereits vorgewarnt sind und bei Eintreffen einer eventuellen Hiobsbotschaft rascher reagieren können.

Strahlenschock

Radioaktivität — was ist das? Wie wirkt sie? Warum bedroht sie uns?

Man kann es nicht oft genug sagen: Man sieht sie nicht, man riecht sie nicht, man schmeckt sie nicht. Und trotzdem ist sie da, immer und überall. Die Radioaktivität.
Sie ist ein natürlicher Vorgang. Der Begriff bezeichnet das Zerfallen chemischer Elemente, wobei Strahlung ausgesendet wird. Wichtig ist, diese beiden Begriffe nicht zu verwechseln: Radioaktivität benennt eine Eigenschaft bestimmter Stoffe und ist somit an diese Stoffe und an Stoffmengen gebunden; Strahlung hingegen ist ein kurzfristiger Vorgang, der keineswegs an das Vorhandensein radioaktiver Stoffe gebunden ist.
Natürliche Radioaktivität gibt es auf der Erde, seitdem diese besteht. Sie geht entweder von Bestandteilen der Erdkruste aus, oder sie erreicht uns aus den Tiefen des Weltalls (vgl. Graphik S. 70). Entsprechend unterscheidet man zwischen terrestrischer und kosmischer Strahlung. Terrestrische Strahlung geht von langlebigen radioaktiven Stoffen im Erdmantel aus, die sich bei der Entstehung der Erde gebildet haben und die bis heute nicht vollständig zerfallen sind. Kosmische Strahlung hingegen kommt durch energiereiche Protonen zustande, die, aus dem All kommend, auf die Lufthülle unseres Planeten auftreffen. Dabei reagieren sie mit Atomkernen der Luft, die daraufhin ebenfalls energiereiche Teilchen aussenden. Weil sich dieser Vorgang auf dem Weg durch die Lufthülle immer weiter abschwächt, ist die kosmische Strahlung auf Meereshöhe am geringsten. Auf hohen Gipfeln ist sie dagegen besonders stark, weil diese der äußeren Lufthülle näher sind.
Im Gegensatz zur natürlichen Strahlung wird die künstliche vom Menschen auf technischem Weg erzeugt. Sie tritt vorwie-

Quellen natürlicher Strahlenbelastung (schematisiert), Dosis in Millirem pro Jahr

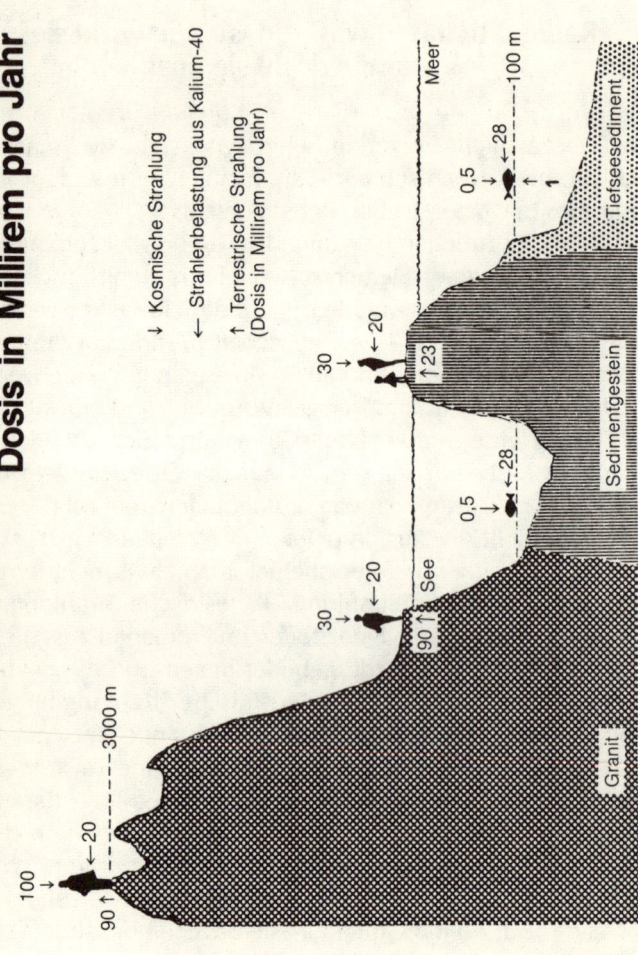

(Quelle: Weish, Gruber, Radioaktivität und Umwelt, 1979)

gend in der Medizin als Röntgenstrahlung und in den kerntechnischen Anlagen beim Zerfall radioaktiver Stoffe auf. Röntgenstrahlung kann mit dem Ausschalten der Röntgenröhre abgestellt werden. Dagegen strahlen radioaktive Stoffe in Kernreaktoren so lange, bis sie vollständig zerfallen sind.
Die von radioaktiven Elementen ausgesandte Strahlung kann entweder eine körperlose oder eine Teilchenstrahlung sein. Im ersten Fall handelt es sich um elektromagnetische Wellen, im zweiten Fall werden von dem zerfallenden Stoff Elementarteilchen ausgesandt. Je nach Art unterscheidet man zwischen Alpha-, Beta- und Gammastrahlen (vgl. Graphik S. 72).
Alphastrahlen sind Helium-Kerne, die von radioaktiv zerfallenden Atomkernen ausgesandt werden. Sie bestehen aus zwei Protonen und zwei Neutronen, sind also vergleichsweise massige Elementarteilchen. Sie haben daher etwa in Luft nur eine Reichweite von wenigen Zentimetern. Bereits ein Blatt Papier kann Alpha-Strahlen auf ihrem Weg vollständig bremsen.
Auch Betastrahlen sind verhältnismäßig leicht zu stoppen. Je nach Energie genügt oft ein Karton, auf jeden Fall aber ein starkes Buch. Betastrahlen sind Elektronen, die von einem zerfallenden Atom immerhin schon einige Meter weit weggeschleudert werden. Dabei erreichen sie Geschwindigkeiten von etwa 99 % der Lichtgeschwindigkeit.
Gammastrahlen sind Strahlen im Sinne elektromagnetischer Wellen. Sie durchdringen Menschen, Tiere und Pflanzen vollständig. Selbst von einer zwanzig Zentimeter starken Betonwand werden sie nur auf ein Hundertstel ihrer Energie abgeschwächt. Um sie vollständig von einem Objekt abzuschirmen, ist mindestens eine ebenso starke Bleiwand oder meterdicker Beton erforderlich.

Schon aus ihren unterschiedlichen Eigenarten ergibt sich, daß man Strahlen auf verschiedene Weise messen kann. Hinzu kommt, daß es teilweise verschiedene Einheiten für ein und denselben Meßwert gibt.

Alphastrahlen

Aussenden von Alphateilchen (Heliumkern)
(2 Protonen, 2 Neutronen)

Abschirmung durch ein Blatt Papier
(etwa 0,1 mm dick)

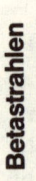

Betastrahlen

Aussenden von Betateilchen
(negative Elektronen)

Abschirmung durch ein Buch
(etwa 5 cm dick)

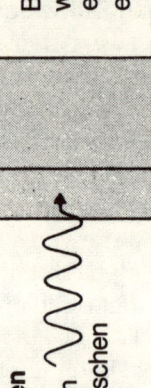

Gammastrahlen

Aussenden von elektromagnetischen Wellen

Beton- oder Aluminiumwand etwa 1 mm dick, entspricht Blei etwa 20 cm dick

Alphateilchen

Betateilchen

Gammaquant (Photon)

Grundlegende Einheiten sind Becquerel (Bq) und Curie (Ci) (vgl. S. 113 ff.). Sie geben an, wie stark radio-»aktiv« ein Stoff ist. 1 Bq bedeutet einen Zerfall in einer Sekunde. 1 Ci entspricht 37 Milliarden Becquerel; diese Einheit vereinfacht das Rechnen mit den riesigen Zahlen der Kernphysik.

Die rein physikalische Wirkung wird in Gray (Gy) gemessen. Derart benannte Werte bezeichnen die »Energiedosis«. Sie gibt an, welche – durch Strahlung freigewordene – Menge an Energie von einer bestimmten Stoffmenge aufgenommen wird. Die Art der Strahlung bleibt dabei unberücksichtigt.

Über sie macht man bei der Angabe der »Äquivalentdosis« Aussagen. Die Äquivalentdosis ist der wissenschaftliche Begriff für die Strahlenmenge. Sie kann mittels »Dosisfaktoren« aus der Aktivität eines radioaktiven Stoffes und mittels »Qualitätsfaktoren« aus seiner physikalischen Dosis errechnet werden. Die Einheit für die Strahlenmenge ist das Sievert (Sv). Die alte Maßeinheit ›rem‹ wurde amtlicherseits zusammen mit dem Curie abgeschafft. Nur die Äquivalentdosis erlaubt eine Aussage über die Wirkung radioaktiver Strahlung auf lebende Körper.

Ein noch genaueres Bild von der Wirkung einer Strahlenmenge kann man sich machen, wenn man sie in Zusammenhang mit der Zeit angibt. Denn es ist ein Unterschied, ob eine bestimmte Strahlenmenge innerhalb einer Stunde oder innerhalb eines Jahres wirksam wird. Gibt man die Äquivalentdosis in Verbindung mit der Zeit an, so nennt man sie »Dosisleistung«. Die zugehörige Einheit ist Sievert je Stunde (Sv/h) oder Jahr (Sv/a). Jedoch sind auch die Einheiten Gy, rem und rad (alte Maßeinheit der Energiedosis: 1 Gy = 200 rad (radiation absorbed dose)) zusammen mit einer Zeiteinheit gebräuchlich. Naturgemäß trägt diese Vielfalt an Benennungen für die jeweils gleiche Größe nicht gerade zum leichteren Verständnis der Zusammenhänge bei.

Allerdings sind mit der großen Zahl der Benennungen die Möglichkeiten der Verwirrung längst nicht erschöpft. In den

Monaten nach Tschernobyl lieferten die Parlamentarier, Wissenschaftler und Interessenvertreter reichlich Beispiele dafür, wie man Laien zusätzlich noch das Verständnis erschweren kann.
Besonders häufig wurden dazu die Begriffe Ganzkörperdosis und Teilkörperdosis mißbraucht, mit denen die Wirkung von Strahlen auf den menschlichen Körper beschrieben wird. Dabei sind beide so eindeutig festgelegt, daß sie eher mutwillig als versehentlich zu verwechseln sind.
Von Ganzkörperdosis spricht man, wenn die Einwirkung der radioaktiven Strahlung auf den gesamten Körper eines Menschen annähernd gleichmäßig erfolgt. Entsprechend handelt es sich um eine Teilkörperdosis, wenn Teile des Körpers allein oder in besonderem Maß betroffen sind. Sinngemäß bezeichnet man als Organdosis diejenige Strahlenmenge, die auf ein bestimmtes oder mehrere bestimmte Organe einwirkt.
Die Art der Strahlenwirkung wird wesentlich davon bestimmt, auf welchem Weg sie erfolgt. Das ist entweder von außen her möglich oder von innen – denn alle Lebewesen haben schon von jeher strahlende Stoffe in ihre Körper eingebaut.
Sie nehmen die Stoffe als Teil der Nahrung auf: Kalium 40, Kohlenstoff 14, Radium 226. An diese natürliche innere Radioaktivität, die sehr gering ist, sind Mensch, Tier und Pflanze gewöhnt. Ihre Stärke hat seit der Entstehung der Erde stetig abgenommen. Denn von den ursprünglich gebildeten Nukliden zerfielen die meisten während der vergangenen Jahrmilliarden. Nur die langlebigsten blieben übrig, also jene mit den längsten Halbwertzeiten. Langlebige Nuklide aber strahlen schwächer, sie haben eine geringere Aktivität. Dieser Zusammenhang ist zwingend: Denn mögen auch die Elemente verschieden aufgebaut sein, so ist doch radioaktive Strahlung immer verbunden mit radioaktivem Zerfall.
Zur natürlichen Strahlung von innen kommt die natürliche Strahlung von außen. Oft genannte Anhaltswerte sind: durch strahlende Stoffe im Körper 30 Millirem, durch kosmische

Strahlung auf Meereshöhe ebenfalls 30 Millirem, durch Strahlen aus der Erdrinde 50 Millirem und durch Einatmen radioaktiver Stoffe durchschnittlich 100 Millirem jährlich. Zusammen sind das innerhalb eines Jahres 210 Millirem.

Medizinische Strahlenbelastung

Im Mittel der Bevölkerung der Bundesrepublik beträgt die aus medizinischen Anwendungen resultierende Strahlenbelastung 150 Millirem (mrem) das ganze Jahr.

Einige Werte aus medizinischen Anwendungen, die allerdings großen Schwankungen unterliegen:

- Lungenaufnahme ca. 6−300 mrem
- Beckenaufnahme ca. 400−4500 mrem
- Mammographie ca. 200−16 000 mrem (Organdosis der Brust)
- Computertomographie Becken ca. 2000−3000 mrem
- Computertomographie Lunge ca. 1000−2000 mrem.

Schilddrüsenuntersuchung mit Jod 131 (heute nur noch in speziellen Fällen gebräuchlich) bei Erwachsenen 50 000 mrem bis 100 000 mrem Schilddrüsendosis; bei Verwendung von Technetium 99_m etwa 300 mrem bis 400 mrem. Bei Säuglingen sind diese Schilddrüsendosen etwa um den Faktor 10 höher.

Berufliche Strahlenbelastung

Für beruflich strahlenexponierte Personen darf ein Dosisgrenzwert von 5000 mrem pro Jahr nicht überschritten werden.

Die Statistik der amtlichen Meßstelle für Personendosimeter in Neuherberg, von der rund 70 000 Personen überwacht werden, zeigt die Strahlenexposition ver-

> schiedener Berufsgruppen, bezogen auf diejenigen Personen, deren Belastung über der Nachweisgrenze lag:
> - Internisten: mittlere Jahresdosis 105 mrem
> - Radiologen: mittlere Jahresdosis 182 mrem
> - Orthopäden: mittlere Jahresdosis 99 mrem
> - Beschäftigte in Kernkraftwerken: mittlere Jahresdosis 546 mrem.
>
> (Stand 1983)

Oft tauchen in diesem Zusammenhang die Worte »Inhalation« und »Inkorporation« auf. Dahinter verbirgt sich nichts Geheimnisvolles: Inhalation meint hier das Einatmen strahlender Stoffe, Inkorporation nennt man ihre Aufnahme in den Körper durch Atmen oder Verschlucken.

Oft wird die Behauptung aufgestellt, natürliche Radioaktivität belaste Mensch und Tier ebenso wie die künstliche. Manch ein Vertreter der Atomwirtschaft und manch ein Politiker verstieg sich sogar zu der Behauptung, die natürliche Strahlenbelastung sei im Grunde viel höher als die künstliche. In Gesprächen nach Tschernobyl konnte man daher nicht selten den Eindruck gewinnen, es sei nur einer glücklichen Fügung zu verdanken, daß die Evolution nicht überhaupt an der kosmischen und terrestrischen Strahlung gescheitert sei.

Diese Betrachtungsweise läßt jedoch die grundsätzlich verschiedene Wirkung natürlicher und künstlicher Radioaktivität außer acht. Natürliche Strahlung nämlich wird zum großen Teil schon von der Haut gebremst. Was aber nicht in den Körper eindringt, kann dort auch später nicht weiterstrahlen. Doch genau dies tun die aus kerntechnischen Anlagen stammenden radioaktiven Stoffe.

Um zu verstehen, was dabei geschieht, muß man die grundsätzliche Wirkungsweise der radioaktiven Strahlung kennen. Sie ist immer gleich. Radioaktive Strahlen wirken durch die

Energie, die ihnen beim Zerfallen eines Atoms mitgegeben wird. Durch diese Energie reißen sie die Elektronen anderer Atome von den Atomkernen weg, wodurch diese »ionisiert« werden. »Ionen« nennt man solche Atome, die nicht elektrisch neutral sind. Das ist der Fall, wenn die Zahl der Protonen im Kern nicht mit der Zahl der Elektronen in der Hülle übereinstimmt, wenn also entweder zu viele oder zu wenige Elektronen um den Atomkern kreisen.

Es fällt nicht schwer, sich vorzustellen, daß bei diesem Wegreißen von Elektronen etwas verändert wird und das »Einschlagen« der radioaktiven Strahlen in lebendes Gewebe nicht folgenlos bleiben kann. Bei winzigen Alpha- und Betateilchen ist die Wirkung vergleichbar mit der eines Steins, der uns am Kopf trifft. Denn daß selbst körperlose Strahlung unseren Körper verändert, wird uns bei jedem Sonnenbrand schmerzhaft bewußt. Auch Gammastrahlung ist körperlos.

Alpha-, Beta- und Gammastrahlen haben unterschiedlich große Energiemengen und ionisieren deshalb verschieden stark. Gemein dagegen ist ihnen, daß die Ionisierung regellos erfolgt. Das ist ein wesentlicher Unterschied zur Ionisierung, die vom Körper beim Stoffwechsel selbst hervorgerufen wird.

Die Regellosigkeit der Ionisierung macht ihre Folgen unberechenbar. Solange die dadurch hervorgerufenen Schäden kurzfristig wirksam sind, sind sie dank der hervorragenden Fähigkeit des Körpers zur Selbstreparatur unbedenklich. Gelingt diese Selbstreparatur allerdings nicht, so können die Folgen erheblich sein. Möglich sind dann im Körper Beeinträchtigungen der Zellfunktionen, bleibende Schäden an Teilen der Zelle und sogar deren Absterben.

Glücklicherweise ist selbst der Tod mehrerer Zellen für ein Lebewesen angesichts ihrer insgesamt meist riesigen Anzahl unbedenklich. Schwerwiegend sind erst die »somatischen« Schäden, wenn sich nachteilige Veränderungen ergeben, durch die sich gut- oder bösartige Wucherungen, also »Tumore« (Krebs) bilden. Heimtückischerweise treten sie zumeist erst als Spätschäden auf. Doch bis dahin ist ein direkter Zusammenhang kaum noch nachzuweisen. Daher fällt es leicht, derartige Auswirkungen radioaktiver Strahlen zu bestreiten.

Wenigstens beschränken sich die somatischen Schäden auf das direkt betroffene Lebewesen. Noch schwerwiegender — und leider noch später erkennbar — sind die durch Strahlen hervorgerufenen Veränderungen des Erbgutes. Wenn ein Mann gesunde Kinder zeugt oder eine Frau gesunde Kinder zur Welt bringt, so ist das keineswegs ein Beweis dafür, daß ihre Erbanlagen nicht geschädigt sind. Vielmehr kann ein genetischer Schaden auch erst nach zwei oder noch mehr Generationen auftreten.

Radioaktive Strahlung bedeutet also eine ganz erhebliche Belastung für den Körper. Dieser Belastung kann er mehr oder weniger gewachsen sein — wie jeder anderen Belastung auch. So wie ein gesunder, kräftiger Körper weniger von Krankheiten bedroht ist als ein schwächlicher, so ist er auch eher in der Lage, Strahlenschäden zu beheben. Strahlen sind also besonders gefährlich für biologisch schwache Lebewesen. Das sind zum Beispiel Kleinkinder, Kranke, Alte und Schwangere. Für sie ist es von besonderer Wichtigkeit, die Strahlenbelastung so gering wie möglich zu halten.

Doch das ist alles andere als einfach. Denn künstliche Radioaktivität erreicht den Menschen auf verschiedenen Wegen, für die man die Bezeichnung »Belastungspfade« gewählt hat.

Der erste dieser Pfade ist die äußere Belastung, das Eingehülltsein in radioaktive Teilchen, wissenschaftlich als »Submersion« bezeichnet. Die Belastung erfolgt dabei durch Beta- und Gammastrahlen. Betastrahlen können allerdings aufgrund ihrer geringen Reichweite nur wenige Zentimeter in die Haut eindringen und bewirken somit lediglich eine »Hautdosis«. Gammastrahlen hingegen, für die selbst Betonwände kein großes Hindernis sind, belasten den ganzen Körper.

Der zweite Belastungspfad ist das Einatmen, die Inhalation.

Durch die Atmung gelangen radioaktive Teilchen in die Atemwege und schließlich in die Lunge. Dort lagern sich in erster Linie Plutonium, Polonium 210, Blei 210, Radon und Radium 226 an. Von der Lunge werden sie über die Blutbahnen auf den ganzen Körper verteilt. Manche Nuklide lagern sich dabei bevorzugt an bestimmten Organen an. Jod 131 etwa landet mit großer Wahrscheinlichkeit irgendwann in der Schilddrüse. Das versucht man durch das Einnehmen von Jodtabletten zu verhindern. Weil die Schilddrüse Jod nicht unbegrenzt speichern kann, bietet man ihr das nichtstrahlende Jod aus der Tablette an. Lagert sie dieses ein, so ist kein Platz mehr für das strahlende Jod-Isotop 131, das dann vielleicht wieder ausgeschieden werden kann.

Der dritte Belastungspfad ist der gefährlichste. Wissenschaftler nennen ihn hochtrabend die »Ingestion« — und meinen Essen und Trinken. Über Magen und Darm werden die strahlenden Stoffe, die in der Nahrung enthalten sind, in den Körper eingeführt und schließlich durch den Stoffwechsel im Körper eingebaut. Cäsium 137 etwa landet auf diese Weise in Magen und Darm selbst, in der Milz, in den Nieren, in der Lunge und in den Knochen.

Der Körper macht keinerlei Unterschied zwischen strahlenden und nicht strahlenden Isotopen eines Elements. Das wäre überhaupt nicht möglich, da weder menschliche noch tierische Körper irgendeine Körperfunktion oder ein Organ haben, mit der sie Strahlung erkennen können. Und von der chemischen Wirksamkeit her verhalten sich alle Isotope eines Elements vollkommen gleich.

Diese natürliche Tatsache kann sich heute verhängnisvoll auswirken: Wenn nämlich ein Lebewesen strahlende Stoffe in seinen Körper einbaut, wird dieser selbst zur Strahlenquelle! Das heißt, einmal aufgenommenes radioaktives Jod oder Strontium wird im Körper eingebaut, zerfällt dort nach und nach, bestrahlt den Körper von innen — über eine lange Zeit und ohne daß es noch zu ändern ist.

Ein weiterer gefährlicher Umstand ist, daß Pflanzen, Tiere und Menschen radioaktive Stoffe in sich anreichern. Diese Erscheinung wurde an einem Kernkraftwerk im US-Bundesstaat Washington eingehend untersucht. Es zeigte sich, daß das Flußplankton unterhalb eines Kraftwerks 2000mal so stark strahlte wie der Fluß selbst, dessen Strahlenbelastung klar innerhalb des gesetzlich vorgeschriebenen Rahmens lag. Enten hatten die strahlenden Stoffe auf das 40 000fache angereichert, Jungvögel auf das 500 000fache und im Eigelb der Wasservögel lag der Gehalt sogar mehr als eine Million mal so hoch wie im Wasser.

Besonders bedenklich sind die Strahlenwerte bei Wildfleisch. Wildlebende Tiere sind jeder Strahlenbelastung im Freien unmittelbar ausgesetzt, ihre Nahrung kann völlig verstrahlt sein. Niemand kann sie davor bewahren. Im Fell oder Federkleid sammeln sich radioaktive Stoffe, über die Nahrung gelangen sie in den Körper. Selbst bei Stalltieren ist nur ein geringer Schutz möglich.

Für den Menschen als Allesfresser ist dieser Vorgang besonders nachteilig. Denn er bezieht seine Strahlenbelastung aus seiner Nahrung, aus Tieren und Pflanzen. Wenn nun die Tiere die radioaktiven Stoffe schon in hohem Maß angereichert haben, so nimmt der Mensch sie bei ihrem Verzehr mit auf. Dadurch trägt diese Nahrung zur weiteren Anreicherung radioaktiver Stoffe im eigenen Körper bei.

Doch nicht nur Tiere selbst können radioaktive Stoffe enthalten, sondern auch das, was sich der Mensch von ihnen holt: Eier, Milch, Honig. Eine Kuh etwa, die strahlenbelastetes Gras frißt, gibt schon einen Tag später Milch, die entsprechend belastet ist.

Daran wird deutlich, daß uns die Verstrahlung des Bodens für die Nahrungskette des Menschen eine fast unlösbar schwierige Aufgabe aufbürdet. Radioaktive Stoffe, die durch »Fall-out« oder »Wash-out«, also durch Herabschweben oder durch Auswaschung (der radioaktiven Luftschicht durch Regen) auf

die Erdoberfläche gelangt sind, werden mit der Zeit immer tiefer in den Boden hineingeschwemmt. Aus dem Boden nehmen Pflanzen diese strahlenden Stoffe über ihre Wurzeln auf. Zusätzlich setzen sich radioaktive Schwebstoffe auf den Pflanzen ab. Und zwar um so stärker, je größer und rauher deren Oberfläche ist.
Zwei Nuklide, die in einem Atomkraftwerk entstehen, sind in diesem Zusammenhang besonders gefährlich: Cäsium 137 und Strontium 90. Sie sind den Elementen Kalium und Kalzium chemisch sehr ähnlich und werden deshalb an deren Stelle in Pflanzen eingebaut. Aus den Pflanzen gelangen die radioaktiven Stoffe dann entweder mit Gemüse und Früchten oder über den Umweg Tier in den menschlichen Körper.
Eine klare Aussage, wie stark pflanzliche und tierische Nahrungsmittel radioaktiv belastet sind, ist nicht möglich. Beunruhigend hohe oder beruhigend niedrige Werte, die als allgemeingültig dargestellt werden, kann man aus diesem Grund getrost überlesen.
Die Belastung hängt von der Art der Nuklide im Boden ab, ferner davon, ob und wie sie chemisch gebunden sind; ebenso wichtig ist der Nahrungsmittelpfad, das bedeutet also das Ausmaß und die Dauer des Anreicher-Vorgangs. Bei Pflanzen spielt auch die Art des Bodens, sein Düngungszustand und sein pH-Wert eine Rolle. Deshalb sind holländische Tomaten nicht mit holländischen Tomaten gleichzusetzen und Süßwasserfisch nicht mit Süßwasserfisch.
Sichere Aussagen für den Verbraucher sind stets nur über ein bestimmtes Nahrungsmittel von genau gleicher Herkunft zu erreichen. Von dieser Erkenntnis ging ein bayerischer Kaufmann in Fürstenfeldbruck aus, der kurze Zeit nach dem Reaktorunfall von Tschernobyl eine 50 000 Mark teure Meßanlage anschaffte. Durch sie konnte er innerhalb weniger Minuten die radioaktive Belastung einer bestimmten Lebensmittel-Lieferung bestimmen. Da er mit den Erzeugern bestimmte Höchstwerte verträglich festgelegt hatte, konnte jeder Kunde

darauf vertrauen, daß die auf der Ware angegebenen Strahlenwerte zutrafen.

Dieses Verfahren ist letztlich das einzige, das eine Aussage über die tatsächliche Strahlenbelastung erlaubt. Denn selbst die Hoffnung, etwa mit Gemüse aus dem Gewächshaus unbelastet davonzukommen, ist trügerisch. Zwar liegen die Strahlenwerte bei unter Folien oder Glas gezogenem Gemüse tatsächlich niedriger als bei Freilandgemüse. Langfristig aber ist das Eindringen radioaktiver Stoffe in den gesamten Nahrungskreislauf durch nichts zu verhindern.

Das Institut für Energie- und Umweltforschung (IFEU) geht davon aus, daß wir seit der Katastrophe von Tschernobyl strahlende Stoffe hauptsächlich mit tierischer Nahrung zu uns nehmen. Die Aufnahme mit Getreide und Kartoffeln dürfte dagegen vergleichsweise gering sein. Auf lange Sicht sind demnach zusätzliche jährliche Belastungen von 14 Millirem für die Knochen, sieben Millirem für die Leber und vier Millirem für den ganzen Körper zu erwarten.

Diese Werte klingen harmlos, sofern man die Auffassung vertritt, nur hohe Belastungswerte könnten große Schäden hervorrufen. Dagegegen sprechen aber wissenschaftliche Erkenntnisse, denen zufolge jede Art und jede noch so kleine Menge von radioaktiven Strahlen für Lebewesen schädlich sind. Es gibt also nicht – wie etwa bei Giften – einen Schwellenwert, unterhalb dessen kein Gesundheitsschaden zu befürchten ist.

In den Tagen nach Tschernobyl waren dazu aus dem Lager der Atomkraftanhänger bemerkenswerte Verlautbarungen zu hören. Immer wieder hieß es, es seien keine »akuten Strahlenschäden« zu befürchten.

Sollen wir diese Aussage dahingehend verstehen, daß Spätschäden selbst von Befürwortern der Kernenergie erwartet werden?

Schwerwiegende Nachteile wie etwa Erbgutveränderungen durch den Betrieb von Atomkraftwerken seien bisher noch nie beobachtet worden, sagen die Befürworter der Kernenergie.

Und sie haben damit gar nicht so unrecht. Schließlich werden Schäden am Erbgut in der Regel erst nach mehreren Generationen sichtbar. Bei Pflanzen und Tieren dauert das einige Jahre, beim Menschen mehrere Jahrzehnte.
Doch sollten Schäden beim Menschen sichtbar werden, dürfte es vermutlich wieder heißen, das sei doch nur Zufall. Ist es auch Zufall, daß um Harrisburg heute etwas wächst, was es vor dem großen Reaktorunfall dort nicht gab: Löwenzahnblätter, die einen dreiviertel Meter lang sind?

Unser bisher höchst verschwenderischer Umgang mit der Energie hat uns zugreifen lassen, als uns mit der Atomenergie eine »saubere Energie« versprochen wurde. Die Gefahren der Radioaktivität haben wir bis zum Reaktorunglück von Tschernobyl verdrängt. Heute wissen wir, daß mit der in den letzten vierzig Jahren erzeugten Radioaktivität der Menschheit eine furchtbare Gefahr erwachsen ist. Trotzdem wollen manche Menschen nicht davon ablassen — und nehmen die Möglichkeit einer neuen, noch größeren Katastrophe in Kauf!
Nach der Überlieferung in der griechischen Mythologie raubte Prometheus für die Menschen das Feuer, das symbolisch für Energie steht. Zur Strafe wurde deswegen sein Bruder Epimetheus von Göttervater Zeus ausersehen, sich mit der blendenden, verwirrenden Pandora einzulassen, die dann schließlich alle Übel und Krankheiten dieser Welt über die Menschen verbreitete.
Epimetheus heißt »Der zu spät Bedenkende . . .«

Nach der Katastrophe

Überleben in einer verstrahlten Welt

Können Sie sich vorstellen, was beispielsweise in Hamburg passiert, wenn ein GaU in einem Atomkraftwerk in nächster Nähe stattfindet? Wenn Abertausende versuchen, auf dem schnellsten Wege in eine Richtung zu fliehen?
Was passiert also in der »Stunde X«? Wie überleben Sie die folgenden Stunden, Tage und Wochen? Was geschieht in den Monaten danach?
Stellen Sie sich vor, Sie befinden sich in einer der unten genannten Situationen. Was müssen Sie, was können Sie tun, um Ihre Lage zu verbessern?
A. Sie erleben, allein oder mit anderen, den Anstieg der Radioaktivität in Ihrer Wohnung.
B. Sie haben sich rechtzeitig in einen privaten oder Öffentlichen Bunker gerettet.
C. Sie befinden sich im Freien:
   a) in der Stadt
   b) auf dem Land
   c) in Verkehrsmitteln (Zug, Auto, U-Bahn).

> *Nur keine Panik!*
> *Stabilisieren Sie die aktuelle Schutz-Situation!*
> *Organisieren Sie das Überleben!*
> *Vorsicht nach Ende der akuten Gefahr!*

Nur keine Panik!

Wenn heute die Sirenen heulen, denkt niemand daran, daß es sich um einen »Ernstfall« handeln könnte. Alles andere scheint wahrscheinlicher: Probealarm, Kurzschluß, Fehlbedienung. Auch Sie würden beispielsweise im Straßencafé sitzenbleiben, den vorbeiflutenden Verkehr beobachten und mit einem etwas verunsicherten Lächeln zum Nachbarn sagen: »Haben Sie was gehört, daß es einen Probealarm geben soll? Merkwürdig, nicht wahr?«

Möglicherweise wäre das dann die Situation: Vorbeieilende Passanten stocken, merken auf. Kleine Grüppchen bilden sich. Fragende, zum Himmel erhobene Gesichter. Ratlosigkeit.

Plötzlich, wie durch ein Zauberwort, löst sich der diszipliniert dahinfließende Verkehr auf der Straße auf! Mit laut aufheulendem Motor schert ein Wagen aus der Fahrzeugkolonne, beschleunigt mit quietschenden Reifen, rast in halsbrecherischem Tempo auf der Gegenspur los. Als plötzlich wahnsinnig gewordene wilde Meute jagen auch die anderen los: Ein Fußgänger wird erfaßt, zurückgeschleudert, der Wagen rast mit gellendem Hupen weiter. Die Menschen schreien auf! Auch Sie sind aufgesprungen! Was brüllt da der eine? »Wir werden verstrahlt! Das Kernkraftwerk Ohu brennt!«

Nur keine Panik! Panik ist ein plötzlicher Zusammenbruch der seelischen Widerstandskraft. Sie wird durch überwältigende Eindrücke ausgelöst und tritt meist überraschend auf.

Durch panisches Verhalten werden nicht nur die davon Erfaßten selbst gefährdet, sondern auch die Besonnenen. Die Tatsache, daß uns ein großer Atomunfall jeden Tag, jede Stunde überraschen kann und wir dann möglicherweise um unsere Gesundheit oder gar um unser Leben kämpfen müssen, haben die meisten von uns verdrängt.

Dabei weiß jeder — zumindest theoretisch — um die unheimliche Bedrohung und die heimtückischen wirkenden Strahlen, die wir nicht sehen, nicht fühlen, nicht riechen, nicht schmecken und nicht sehen können.

Wenn eine Gefahr, ihr Wesen und ihr Entstehen, nicht ausrei-

chend bekannt ist und sie plötzlich tatsächlich – wenn auch in tödlicher Ruhe – eintritt, können Menschen leicht in Panik verfallen. Die Folgen können dann schrecklicher sein als die der Strahlenbelastung!
Bei Panik ist Selbstbesinnung und Kaltblütigkeit die einzige Gegenwehr. Rechtzeitige Aufklärung, Gewöhnung an die Gefahr und klare Aufgabenstellungen beugen vor.

Auch wenn der Atomunfall in nächster Nähe stattfand, ändert sich für die Menschen das gewohnte Bild ihrer Umgebung nicht. In Erregung versetzt werden die Betroffenen vermutlich durch die Art der Alarmierung, durch ein lang andauerndes Sirenengeheul etwa.
Viel zuwenig Bürger werden dann wissen, was sie zu tun und zu lassen haben. Ergehen durch die Behörden keine oder zuwenig konkrete Anweisungen, sind Gerüchte schnell verbreitet.
Eventuell steigern Flüchtende das Chaos. Geht man davon aus, daß es zahlreiche Mitbürger nicht gewohnt sind, sich diszipliniert ein- oder unterzuordnen, ist es sehr wahrscheinlich, daß örtlich oder regional Panik ausbricht. Dann kann es dazu kommen, daß diese angstvolle, unsinnige und kopflose Erregung Situationen herbeiführt, die echte Chancen, aus der Katastrophenlage unbeschadet oder nur leicht geschädigt zu entkommen, zunichte machen.
Auch wer über eine Gefahr aufgeklärt und seelisch stabil ist, kann durch die Panik seiner Mitmenschen mitgerissen, geschädigt oder gar um seine Chancen gebracht werden!
Es ist gleichgültig, ob Sie die Katastrophe auf der Straße, in Ihrer eigenen oder in einer fremden Wohnung, im Bunker oder der U-Bahn erleben: Panik ist überall möglich!
Man kennt zwei unterschiedliche Reaktionen, die Menschen in Panik zeigen. Einerseits gibt es ein angstgepeitschtes Verhalten, den »Panik-Sturm«, andererseits ein schreckgelähmtes, die »Panik-Starre«.

Der Panik-Sturm einer Menschengruppe wird meist durch Angst hervorgerufen: Die Menschen laufen sinnlos hin und her, schreien, drängen, schieben sich und verhalten sich rücksichtslos. Diese unruhevolle Angst schwillt bis zum Höhepunkt einer oft sinnlosen Aktivität an: Die Vernunft wird regelrecht »abgeschaltet«. Die primitivsten Triebe wie der Selbsterhaltungs- und Gefahrenschutztrieb regieren. Es kann zu unmenschlichem Verhalten kommen, man »geht über Leichen«. Sie können brutal zusammengeschlagen werden, nur weil sich eine Gruppe Ihren Wagen als Fluchtfahrzeug aneignen will; oder die Bunkertür wird verschlossen, obwohl noch ausreichend Platz für andere vorhanden ist. Auslöser für diese Panik sind meist akustische Reize.

Die Panik-Starre entsteht in einzelnen Menschen, die dann »vor Schreck wie gelähmt« sind. Sie ist eine Art »Totstell-Reflex«. Manche Menschen fallen in Ohnmacht. Wer nicht, ist »starr vor Entsetzen« und verharrt in Furcht und Grauen. Nicht nur der Körper gehorcht nicht mehr, sondern auch der Geist ist »abgeschaltet«. Das kann, wenn schnelles Handeln erforderlich ist, fatale Folgen haben!

Es gibt eine »Panik-Stimmung«, eine allgemeine Unruhe oder Nervosität; umlaufende Gerüchte, unklare, sich widersprechende Anweisungen von Behörden fördern diesen Zustand. Auslöser einer Panik sind gefühlsbetonte Menschen mit übersteigerten Reaktionen, die oft noch phantasiebetont sind (Labile, Unbeherrschte, Hysteriker, Süchtige — auch Alkoholiker) und zu lautstarken Äußerungen neigen.

Wie bekämpfen Sie eine Panik? Ein nicht kontrollierbarer akustischer Reiz, beispielsweise ein Schrei, muß — auch wenn er eine bewegte Panik bereits ausgelöst hat — durch einen möglichst noch weit lauteren Reiz übertönt werden!

Wer sich panisch Erregten entgegenwirft, muß seine Stimme gebrauchen! Grundlosem Rufen und Schreien muß mit einer

klaren, lauten (aber nicht überkippenden) Stimme entgegengetreten werden! Anschließend beruhigende Worte finden!
Eine Massenflucht bei einem Atomunfall können nur die Polizei, der Bundesgrenzschutz oder die Bundeswehr aufhalten oder lenken. Bei einer kleinen Gruppe jedoch können Sie durch Ihre laute, gefolgschaftsfordernde Stimme, klare Anweisungen und Ihr persönliches, beispielgebendes Handeln das Verhalten der Gruppe ändern!
Ein in Panik-Starre befindlicher Mensch muß wachgerüttelt und angefeuert werden! Das kann auch durch durchdringende akustische oder optische Reize geschehen.

> Panik rechtzeitig erkennen
> Die Menschen sind so nervös, daß sie bei jedem Geräusch zusammenfahren. Die Gesichter zeigen eine starre und ängstliche Spannung. Die Blicke irren umher, die Hände zucken, manche Körperbewegungen sind unmotiviert. Man spricht betont laut, lacht sinnlos.
> Panik verhüten
> Drohende Gefahren dürfen weder unter- noch übertrieben dargestellt werden. Belastungen sollen, wenn möglich, rechtzeitig und ruhig angekündigt werden. Ein Scherz kann eine Spannungssituation lösen. Wenn möglich, sollten entdeckte »Panikmacher« den anderen als solche bekannt gemacht werden.
> Panik bekämpfen
> Ruhe bewahren und sich furchtlos zeigen! Heben Sie sich, wenn möglich, durch geschickte Ortswahl aus der Menge heraus. Mit lautester Stimme, durch eine deutliche Gebärde unterstützt, geben Sie klare Anweisungen und ein sinnfälliges Beispiel!

Stabilisieren Sie die aktuelle Schutz-Situation!

Sie, Ihre Angehörigen und andere haben es geschafft: Sie befinden sich in Sicherheit! Daß sie nur eine vorläufige ist, müssen Sie hinnehmen. Denn da Sie nicht wissen, wie intensiv die Strahlung draußen ist, können Sie auch nicht abschätzen, wie lange Sie hierbleiben müssen. Es kann sich um einige Tage handeln, bis die intensivste Strahlung abgeklungen ist, weil dann die radioaktive Wolke weitergezogen ist oder sich der Wind gedreht hat. Vielleicht werden Sie gezwungen, zehn oder noch mehr Tage auszuharren, wenn Sie sich ausgerechnet in jenem Sektor befinden, der am meisten verstrahlt ist. Möglicherweise müssen Sie Ihren Schutzort wechseln, oder Sie werden evakuiert.

Was immer auch auf Sie zukommen mag: *Stabilisieren Sie zuerst die aktuelle Schutz-Situation!*

Das bedeutet, daß Sie sich zuerst um die Schutzfunktion Ihres Schutzraumes kümmern.

- In Ihrer *eigenen Wohnung* gehen Sie so vor, wie es auf S. 30 ff. beschrieben wurde.
- In einer *fremden Wohnung* müssen Sie sich an die dort herrschenden Verhältnisse anpassen. Versetzen Sie sich in die Lage des Ihnen möglicherweise fremden Wohnungsbesitzers. Bieten Sie ihm Ihr Wissen und Ihre Mitarbeit an.
- In Ihrem *eigenen Bunker* haben Sie nur das Problem, ob alle Funktionen (Luft- und Wasserversorgung) funktionieren. Dann können Sie bereits zum Thema »Das Überleben organisieren« übergehen.
- In einem *fremden Bunker*, besonders in einem öffentlichen Schutzraum, werden Sie sich mit den gegebenen Umständen abfinden müssen. Stellen Sie fest, wer die Leitung in diesem Bunker hat. Bieten Sie Ihr Wissen und Ihre Mitarbeit an.
- Wenn Sie *im Freien* vom Katastrophenfall überrascht werden, halten Sie sich an die Verhaltensvorschläge der vorher-

gehenden Alarmliste. In der Stadt werden Sie versuchen, rechtzeitig in geeignete Behelfsschutzräume zu gelangen. Wägen Sie dabei das Kontaminations-Risiko gegenüber dem zu gewinnenden Schutz ab.
- Werden Sie in einem *Verkehrsmittel* überrascht, dann überlegen Sie schnell, welche Verhaltensweise Ihnen vermutlich die geringste Strahlenbelastung beschert.
  - Auto: siehe Alarmliste, S. 40 f.
  - Öffentliche Verkehrsmittel: Ein Schutz ist kaum möglich. Rechtzeitig verlassen und Schutzraum aufsuchen.

Erforderlich ist jetzt umsichtiges, zielgerichtetes Handeln:
1. Schutzraum-Funktion prüfen
2. Personelle Maßnahmen
3. Einrichtung einer Dekontaminierungsschleuse
4. Schutzraum-Organisation
5. Lebensmittelversorgung
6. Entsorgung
7. Tagesroutine.

Da Sie über einen solchen Katastrophenfall Bescheid wissen, scheuen Sie sich nicht, die Führung im Behelfsschutzraum oder im Bunker zu übernehmen. In einer solche Lage zählen Fachwissen und Entscheidungsfreude; für grundsätzliche Diskussionen haben Sie keine Zeit, außerdem sind sie verunsichernd und fördern die Panik-Bereitschaft.

1. Schutzraum-Funktion prüfen
Überprüfen Sie anhand der Alarmliste, ob der Schutzraum noch besser gesichert werden könnte. Sind Sie zu mehreren, rufen Sie alle zusammen, erklären Sie die Aufgaben und lassen Sie die Funktionen (Alarmliste) überprüfen. Damit gewährleisten Sie nicht nur, daß die notwendigen Aufgaben erledigt werden, sondern sorgen auch dafür, daß die anderen beschäftigt sind, so daß der Schock der Katastrophe sich nicht vertiefen kann; Beschäftigung heißt auch Ablenkung.

2. Personelle Maßnahmen
Ist die Gruppe willkürlich zusammengewürfelt, so stellen Sie fest, welche Tätigkeit die einzelnen ausüben können. Handelt es sich um eine größere Zahl von Menschen, so wählen Sie nach deren beruflichen Tätigkeiten einige aus, die dann zu Ihrer Unterstützung eine Arbeitsgruppe zugeteilt bekommen. Verteilen Sie die wesentlichen Aufgabenbereiche und übertragen Sie die Verantwortung dafür dem eben Eingeteilten. Frauen, Kinder, Schwangere und Alte sollen zu einer leichten Tätigkeit eingeteilt werden. Eine genaue personelle Übersicht verschaffen Sie sich in den nächsten Tagen.

3. Einrichtung einer Dekontaminierungsschleuse
Sofern noch keiner der Schutzraum-Insassen verstrahlt ist und auch niemand mehr zur Gruppe hinzustößt, kann man sich für die Einrichtung einer behelfsmäßigen »Dekontaminierungsschleuse« noch einen Tag Zeit lassen.
Andernfalls muß folgendermaßen vorgegangen werden:
Wer neu den Behelfsschutzraum (Bunker) betritt, gilt als kontaminiert, das heißt mit strahlendem Staub u. a. verschmutzt. Wichtig wäre natürlich ein intensives Abwaschen — was aber in einer solchen Notlage nicht immer möglich ist. Zumindest muß man nach dem Eintreten ins Treppenhaus, in dem Flur oder Vorraum eine Möglichkeit schaffen, die Schuhe und Kleider abzulegen. Besser ist es, sie in einen Plastiksack zu stecken und diesen außerhalb des Wohnraums zu belassen. Der Eintretende tritt dann in einen vorbereiteten »Dekontaminierungsraum«, um sich unter fließendem Wasser, am besten einer Dusche, sorgfältig zu waschen.
Bei einer Wohnung als Behelfsschutzraum oder einem Kleinbunker muß man sich mit dem Herrichten einer Art Schleuse behelfen. Sie muß unmittelbar an der Tür des (Behelfs-)Schutzraumes eingerichtet werden. In einer Wohnung sollte sie eine Verbindung zum Badezimmer haben, denn zum »Entseuchen« ist eine Dusche oder zumindest ein Schlauchanschluß an einer

Wasserleitung notwendig. Sie müssen darauf achten, daß dieser Dekontaminierungsraum vollkommen vom dem Wohnraum abgetrennt ist; in Häusern ist zu überlegen, ob er nicht im Keller eingerichtet werden kann.

Ist kein eigener Raum dafür vorhanden, trennen Sie einen geeigneten Bereich radikal von Ihrem Behelfsschutzraum ab. Not macht erfinderisch: Benutzen Sie alle möglichen Materialien, um einen möglichst staub- und wasserdichten Dekontaminierungsraum zu basteln. Dazu kleben Sie Duschvorhänge oder/und Folien an der Decke und unten am Boden fest. Diese Klebestellen müssen wie die Fenster und Türen möglichst dicht sein. Als »Tür« können Sie doppelte Plastik-Vorhänge verwenden, die jedoch immer gut geschlossen bleiben müssen.

Legen Sie diesen Raum nun mit dicken Folien oder einer abwaschbaren Plane aus. Sie müssen ihn mit Wasser abspritzen, zumindest aber sehr feucht abwischen können! Notfalls drehen Sie den Teppichboden mit seiner gummierten Unterseite nach oben. Legen Sie Bürsten, Lappen und Reinigungsmittel aller Art bereit.

Damit niemand gedanken- oder disziplinlos durch den Dekontaminierungs-Raum in den Behelfsraum läuft (oder umgekehrt), stellen Sie größere Möbelstücke so, daß eine klare Abtrennung dieses Raums ersichtlich ist (großer Schrank trennt den Raum, kann aber auch zur Stabilität dieser Behelfskonstruktion beitragen).

Beim Dekontaminieren werden alle Kleidungsstücke ausgezogen und in einem Plastiksack zusammen mit den Schuhen verpackt. Kennzeichnen Sie den Sack mit dem Namen und legen Sie ihn am besten in den Flur. Kleidung nur dann gründlich waschen, wenn reichlich Wasser vorhanden ist! Daran denken, daß feuchte Kleidung in geschlossenen Räumen nur langsam trocknet und die Luft verschlechtert!

> *Kontamination (lat. contaminatio, »Berührung, Verschmelzung«): Verunreinigung mit radiaktiven Stoffen, radioaktive Verseuchung. Im weiteren Sinne versteht man darunter auch eine Verunreinigung mit nicht radioaktiven chemischen Stoffen.*
> *Dekontamination: Entseuchung, Entfernen von radioaktiven Stoffen.*

Die Dekontamination erfolgt durch ein ausgiebiges Duschbad. Die Reinigung muß sehr gründlich sein. Bürsten Sie sich nachdrücklich mit reichlich Seife und Shampoo ab, denken Sie auch an Haare, Ohren, Hautfalten, Finger- und Fußnägel. Überall könnten sich kleinste radioaktive Teilchen befinden. Trocknen Sie sich dann ab und ziehen unverstrahlte Kleidung an. Spülen Sie den Duschort jetzt gut aus!
Sicher denken Sie jetzt daran, daß es naheliegt, den Baderaum einer Wohnung bei diesem Vorgang einzubeziehen — doch dieser wird ja während des gesamten Aufenthaltes gebraucht! In einem Mehrfamilienhaus bietet sich als Dekontaminierungsraum der Waschkeller an. Eine Sauna kann nach sorgfältiger »Vorwäsche« sogar allerletzte radioaktive Teilchen von der Haut spülen!
Reicht das Wasser nur knapp, sollten auf jeden Fall die der Außenwelt ausgesetzten Körperteile (Kopf, Haare, Hände, Füße) gewaschen werden.
Kann das Wasser nicht ablaufen, sollte es in einem Bottich aufgefangen werden; dieser wird anschließend geleert. Muß das verstrahlte Wasser aus dem (Behelfs-)Schutzraum in die Außenwelt geschüttet werden, weil kein Abfluß vorhanden ist, müssen Sie dazu die Tür öffnen. Ziehen Sie aber dazu Ihren Strahlenschutzanzug an! Denn sonst wäre die ganze Entseuchung umsonst gewesen. Die verwendeten Lappen, Handtü-

cher und anderes Material müssen jetzt als letztes gereinigt oder vernichtet werden. Erst dann können Sie in den Wohnraum eintreten.
Besonders kompliziert kann das Entseuchen bei Tieren und Kindern sein. Sie sind über die heftige Säuberung meist nicht allzu erfreut und werden sich sträuben. Dennoch ist die gründliche Dekontamination unerläßlich, und Mitleid ist fehl am Platz!

Besondere Vorsicht ist bei Tieren geboten. Da sie einen empfindlicheren Säurehaushalt der Haut als der Mensch haben, verwenden Sie, wenn möglich, nur milde Shampoos. Auch wird das Tier wie gewohnt versuchen, sich zu schütteln. Doch im Fell werden auch nach der Säuberung Strahlenteilchen haften. Versuchen Sie deshalb, das Tier nach der Wäsche so schnell wie möglich in ein Tuch zu wickeln und so zu verhindern, daß es das Wasser mit den restlichen radioaktiven Teilchen im ganzen Raum verspritzt. Auch ist darauf zu achten, daß das Tier während des Waschens nicht »ausreißt«. Es würde die an Fell oder Federn haftenden Strahlenteilchen in den Schutzraum tragen und die Gesundheit aller gefährden.

- *Teilen Sie einen Verantwortlichen für den Dekontaminierungsraum ein!*
- *Informieren Sie alle Betroffenen über die Bedeutung des Raums. Niemand der Schutzrauminsassen darf sich nach der Prozedur dort noch aufhalten (auch kurzfristig nicht, um »schnell noch etwas zu holen«); nur so kann eine Verbreitung radioaktiver Schutzteilchen im Schutzbereich verhindert werden.*
- *Besitzen Sie Haustiere, müssen Sie Vorsorge treffen, daß diese nicht in den Dekontaminierungsraum gelangen können.*
- *Ist Ihr Tier längere Zeit im Freien gewesen, so müssen Sie es draußen im Freien lassen! Es ist wahrscheinlich, daß es schon radioaktives Wasser getrunken oder verstrahlte Nahrung aufgenommen hat.*

4. Schutzraum-Organisation

Wenn die erste Hektik erst einmal vorbei ist, werden die Schutzraum- oder Bunkerinsassen zum Nachdenken kommen. Dies ist ein kritischer Augenblick für die gesamte Stimmungslage. Die räumliche Enge und die mangelhafte Ausstattung können Aggressionen erzeugen, die dann schwer zu beherrschen sind. Deswegen kümmern Sie sich um die »Schutzraum-Organisation«:

- Eine verantwortliche Person wird gewählt, die für die nächste Zeit »das Sagen hat«, auch wenn andere sie dabei beraten. Auch bei größeren Menschengruppen sollte nur eine einzelne Person voranstehen, da Meinungsverschiedenheiten mit drohender Beschlußunfähigkeit in solchen Situationen schädlich sind.
- Teilen Sie die Räumlichkeiten so auf, daß jeder Betroffene eine »Privatzone« erhält, in die er sich zurückziehen kann.
- Schaffen Sie einen Ruhebereich und eine Art »Tagesraum«, wo man sich unterhalten kann und wo, wenn möglich, Radio und Fernsehapparat zur Information und Zerstreuung laufen.
- Teilen Sie die Liegemöglichkeiten ein: Gibt es sie in nicht ausreichender Zahl, so muß man sich auf einen »Belegungsplan« einigen.
- Eine Art »Dienstplan« muß eingeführt werden. Bei einem Sechs-Stunden-Rhythmus wird keiner überfordert. Kontinuierlich verfolgt werden müssen insbesondere die Luftsituation, die Nachrichten aus dem Radio und der Zustand von Kranken, Kindern, Schwangeren.
- Nach einer Gesamt-Inventur werden alle Vorräte, Werkzeuge und weiteren Hilfsgeräte an einem Ort zentral gelagert und einer Person die Verantwortung dafür zugeteilt. Das fördert nicht nur die Übersicht, sondern erleichtert auch die Verbrauchskontrolle und gewährleistet die Einsatzfähigkeit.

5. Lebensmittelversorgung

Die jetzt noch vorhandene Nahrung ist alles, was Ihnen und den anderen für die gesamte Aufenthaltsdauer im Schutzraum zur Verfügung steht. Deshalb:
- Erstellen Sie eine Liste der Lebensmittel.
- Ordnen Sie diese nach der Reihenfolge der Haltbarkeit, da Leichtverderbliches zuerst gegessen werden muß.
- Lagern Sie die Lebensmittel zentral und staubgeschützt; Lebensmittel dürfen nicht kontaminiert werden!
- Vermutlich bereits verstrahlte Lebensmittel müssen vernichtet werden.

Um die noch verbliebenen Lebensmittel zu schützen, stellen Sie sie an einen vor radioaktivem Staub geschützten Ort. Das kann z. B. ein Eisschrank, eine Gefriertruhe, ein Glasschrank oder ein Plastiksack sein. Offen gelagerte Lebensmittel, die möglicherweise bereits verstrahlt wurden, müssen vorsorglich vernichtet werden.

Überschauen Sie Menge und Art der Nahrung. Wichtig ist es, bei der Zusammenstellung auf das Haltbarkeitsdatum der Verpackung zu achten. Verdorbene Lebensmittel können Unwohlsein, Übelkeit und Durchfallerkrankungen verursachen, im schlimmsten Fall eine Vergiftung. Und davon ist im (Behelfs-)Schutzraum nicht nur der direkt Geschädigte betroffen. Durchfall, Blähungen, Fieber oder Allergien werden auf engem Raum eine extreme Belastung für alle.

Ist das Haltbarkeitsdatum erst kurz überschritten und ein Aufbrauchen der Nahrung verantwortbar, müssen diese Lebensmittel sofort verwendet werden; andere, deren Verfallsdatum schon eine Weile überschritten ist, werden für den äußersten Notfall zurückgelegt.

Alle anderen Nahrungsmittel müssen jetzt so eingeteilt werden, daß sie für etwa 20 Tage reichen. Auch wenn über die Nachrichten verbreitet wird, daß Sie in wenigen Tagen evakuiert werden: Rechnen Sie immer eine Reserve ein. Denken Sie an

einen eventuellen Mehrverbrauch durch Kranke oder die Spezialnahrung für Babys und Schwangere.
Haben Sie Tiere mit in den Schutzraum genommen, müssen diese selbstverständlich bei der Nahrungseinteilung mit berücksichtigt werden.

Sichern Sie sich Trinkwasser! Hierzu zählt vor allem bereits abgefüllte Flüssigkeit in Form von Mineralwasser, Sprudel, Saft, Bier und anderem. Leitungswasser kann nach einer Weile möglicherweise nur noch unter Verwendung spezieller Verfahren unbedenklich genossen werden.
Die Reinigung des Leitungswassers ist zwar einfach, aber in ihrer Wirkung begrenzt. Sie nutzen hierfür ganz normale Kaffee- oder Teefilter, in die Sie Grill- oder Heizkohle, die zuvor zerkleinert und zerstampft wurde, legen. Dann gießen Sie das Wasser darüber. Das kohlegefilterte Wasser wird nun in einem Topf zum Kochen gebracht. Der aufsteigende Dampf wird mit einem Deckel, der größer ist als der Kochtopf, aufgefangen. Das Kondenswasser, das sich an seinem Rand niederschlägt und abtropft, kann als Trinkwasser verwendet werden. Man kann auch einfach eine Kaffeemaschine nehmen!
Da man davon ausgehen kann, daß das Wasser am Anfang der Katastrophe noch unverstrahlt ist, weil es ja schon im Versorgungsnetz fließt, sollten Sie Wasser horten: Füllen Sie Leitungswasser in alle leeren Bottiche, Wannen, Eimer oder Flaschen, die Sie im (Behelfs-)Schutzraum vorfinden. Dieses Wasser können Sie dann, sofern ausreichend vorhanden, auch zum Waschen verwenden.
Rechnen Sie nun die tägliche Menge, die Ihnen und den anderen über 20 Tage zur Verfügung stehen muß, sorgsam aus. Die tägliche Portion darf dann keinesfalls überschritten werden – im Gegenteil: Wasser muß gespart werden und mehrfach genutzt werden.

<u>Wasser brauchen Sie immer!</u>
Zum Trinken braucht der Mensch täglich mindestens etwa zwei Liter Flüssigkeit, bei höheren Temperaturen oder anstrengender Arbeit noch mehr.

Wasser benötigen Sie außerhalb u. a. zum Waschen von Obst und Gemüse: Was kurz kontaminiert sein könnte, muß gründlich gereinigt werden; die Obstschalen sind dick abzuschälen.

Ebenso muß jede Verpackung, die Sie öffnen, vorher mit Wasser gereinigt werden. In kleinsten Rillen oder Falten können sich radioaktive Teilchen mit dem Staub anlagern. Die Gefahr, daß diese dann beim Öffnen der Verpackung in die Lebensmittel gelangen, ist groß. Lassen Sie deshalb auch nie angebrochene Lebensmittel stehen. Zum Essen werden immer nur diejenigen Mengen geöffnet, die dann auch wirklich verbraucht werden.

- Trinkwasser sichern.
- Vermutlich verstrahlte Lebensmittel gehören vorsorglich in den Abfall.
- Die restlichen Nahrungsmittel schützen.
- Teilen Sie diesen Vorrat auf etwa 20 Tage und alle anwesenden Personen gleichmäßig auf.
- Berücksichtigen Sie die Tiere.
- Vor Öffnen Verpackung reinigen.
- Angebrochene Lebensmittel immer sofort aufessen.

6. Entsorgung

Dieser Aufgabenbereich kann Sorgen verursachen. Man kann bei einem Reaktorunfall von einer intakten Wasserversorgung ausgehen. Das bedeutet, daß die Toiletten in den Wohnungen, die als Behelfsschutzraum hergerichtet sind, funktionieren.

Dann können Fäkalien ohne Risiko weggeschafft werden. Das Gleiche gilt für öffentliche Bunker. Bei privaten Bunkern allerdings ohne Toilettenanschluß kann eine lange Verweildauer Probleme herbeiführen. Grundsätzlich sind folgende Punkte zu beachten:

- Peinliche Hygiene ist unumgänglich.
- Eine verunreinigte Toilette muß sofort gesäubert (dekontaminiert) werden.
- Fäkalien müssen, wenn notwendig, geruchlos »zwischengelagert« werden. Dies geschieht durch chemische Behandlung (bei kommerziell erworbenen Not-Toiletten) sorgfältigen Verschluß der Toilette oder Verpacken der Fäkalien in Plastiktüten oder -säcken.
- Urin, andere flüssige Körperausscheidungen und Erbrochenes können im Notfall in Flaschen »zwischengelagert« werden.
- Die Toilette muß vom üblichen Bunkerleben abgetrennt sein. Das bedeutet, daß zumindest ein Vorhang vor der Not-Toilette angebracht wird. Je nach Belegstärke müssen auch weitere Toiletten hergestellt werden; Strahlenkranke werden große Probleme mit dem Magen-Darm-Trakt bekommen! Man darf sich nicht scheuen, auch unorthodoxe Maßnahmen zu ergreifen.
- Das Toiletten-Problem erfordert von allen große Disziplin. Es muß offen angesprochen werden, um gemeinsam gefaßte Beschlüsse auch tatsächlich durchzusetzen.

Wie baut man ein Ersatz-Klosett?
Das einfachste Modell: Nehmen Sie zwei Stühle, legen ein Brett darüber und stellen einen mit einer Plastiktüte ausgekleideten Eimer unter das Brett. Haben Sie kein Brett zur Hand, stellen Sie beide Stühle in einem rechten Winkel so zusammen, daß der Eimer genau in den Winkel paßt und der Benutzer

trotzdem entspannt sitzen kann. Legen Sie, besonders wenn Sie bei Durchfällen größere Verunreinigungen erwarten, eine Plastikfolie über die Stühle.
Bei längerem Aufenthalt kann auch ein ›Luxusmodell‹ erstellt werden: Der Sitzboden eines Stuhles wird entfernt, und aus Holz oder harter Pappe wird ein Ersatzboden mit einer entsprechenden großen Öffnung auf den Rahmen gelegt. Auch hier beugen Sie mit Plastiktüten und -folien Verunreinigungen vor.
Camping-Klosetts müssen auf Bedienungsfreundlichkeit und Reinigungsmöglichkeiten hin geprüft werden. Auch müssen die passenden Entsorgungsbeutel und die chemischen Bindemittel in ausreichender Menge vorhanden sein.
Im Notfall gilt:
Das Einfachste ist hier das beste!

Was nach der Mahlzeit zu tun ist: Etwaige Essensreste müssen eingesammelt und zum Wiederverzehr aufbewahrt werden (Kühlschrank, Gefriertruhe usw.); sie dürfen keinesfalls offen liebenbleiben. Essensabfälle werden zerkleinert über die Toilette »entsorgt«.
Andere Abfälle: Alles wird auf seine Wiederverwendbarkeit geprüft und dann entsprechend behandelt, das heißt entweder vernichtet oder dekontaminiert. Besonders sorgfältig behandelt werden müssen Verbandsmaterialien, Binden etc., die von Strahlenkranken benutzt wurden: Sie müssen mit großer Vorsicht »entsorgt« werden.
Zur Säuberung sollten, wenn möglich, Papiertücher oder Klosettpapier benutzt werden, da sie leichter zu vernichten sind als Textilien. Außerdem können sie sogar − zerrissen − durch die Toiletten entfernt werden (Verbrennen kostet Sauerstoff!).

7. Tagesroutine

Wie lange Sie in Ihrem Schutzraum ausharren müssen, können Sie nicht wissen. Langeweile darf aber nicht aufkommen, da manche Menschen dann leicht zu Depressionen oder auch Panik neigen. Außerdem gibt es eine Menge zu tun, um zu überleben und neuen Gefahren rechtzeitig vorzubeugen.

Organisieren Sie das Überleben!

1. Zuständigkeiten: Wer macht was?
2. Der Tag hat 24 Stunden.
3. Sorgen sich um Ihre Luft!
4. Was tun, wenn der Strom ausfällt?
5. Wasser bedeutet Überleben.
6. Jeder für jeden.

1. Zuständigkeiten: Wer macht was?

Nach den ersten aufgeregten Stunden kehrt etwas Ruhe ein. Das ist der richtige Zeitpunkt, um zu überlegen, wer in der nächsten Zeit »offiziell« Aufgabenbereiche auch für andere verantwortlich übernimmt.

Man könnte alle zusammenrufen und eine Art Wahl durchführen. Es muß jemand gefunden werden, der das Vertrauen der Gruppe hat und dessen Entscheidungen auch von der Gruppe respektiert und durchgeführt werden. Gleichzeitig könnten weitere Gruppenmitglieder für umgrenzte Aufgabengebiete gewählt werden.

Es muß klar werden, daß dann die Eingeteilten »das Sagen« haben. Alle anderen haben sich unterzuordnen.

Möglich, daß manche Gruppenmitglieder gute Fachkenntnisse aufweisen, die sehr nützlich sein können. Das allerdings sollte nicht alleiniger Maßstab sein, wenn gewählt wird. Vielmehr zählen Persönlichkeit, Überblick, Durchsetzungsvermögen, Belastbarkeit, seelische Stabilität.

2. Der Tag hat 24 Stunden

Die Situation ist bedrückend. Sie leben beengt mit mehreren, vielleicht völlig unbekannten oder unsympathischen Menschen zusammen. Die Luft ist schlecht, das Essen ist mäßig, die hygienischen Verhältnisse sind schwierig. Die Lage wird dann erleichtert, wenn ein vernünftiger Tagesablauf den Umgang miteinander regelt. Der Tag muß so organisiert werden, daß jeder

- ausreichend Schlaf erhält
- sich vernünftig beschäftigen kann
- immer informiert ist
- sein Essen mit der Gruppe regelmäßig einnimmt
- die ihn betreffenden Gruppenaufgaben erledigt.

Ausreichender Schlaf ist wichtig. Alle Anwesenden werden sich besser fühlen, wenn rund um die Uhr ein »Wachdienst« (zwei Personen) eingeteilt ist, der die Lage ständig beobachtet, der die Nachrichten im Radio abhört und der auf die Kranken oder Kinder achtet. Auf diese Weise können die anderen besser Schlaf finden und sich erholen.

Aufgeregte Personen, insbesondere Kinder, sollten, wenn sie die Erholungsphase der anderen stören, mit leichten Medikamenten beruhigt werden. Das ist auch deswegen wichtig, weil Schlafende weniger Sauerstoff verbrauchen als wache Menschen oder gar Arbeitende. (Ruhende Menschen verbrauchen 0,03 cbm Luft in der Minute, arbeitende Menschen in der gleichen Zeit etwa das Dreifache, rund 0,10 cbm.)

Die Aufteilung des (Behelfs-)Schutzraums in einen Ruheraum (Ruhezone) und einen Tagesraum erleichtert die Situation.

Sich vernünftig beschäftigen. Auch in dieser Lage sollte es eine Aufteilung des Tagesablaufs in »Freizeit« und »Arbeitszeit« geben. Hilfreich ist eine allmorgendliche »Konferenz«, auf der Aufgaben verteilt und erläutert werden; der »Dienstplan« kann schriftlich fixiert werden.

Die Arbeitsleistungen in den einzelnen Aufgabenbereichen müssen kontrolliert werden. In dieser Notsituation sollten, wenn möglich, immer zwei Personen zu einer Aufgabe eingeteilt werden, um eine gegenseitige Überprüfung zu ermöglichen. Eine einzige Schlampigkeit, ausgelöst durch eine Depression oder Müdigkeit, kann fatale Folgen haben — beispielsweise bei der Bedienung der Frischluftzufuhr!
In der Freizeit sollte man sich möglichst ruhig verhalten, auch um andere nicht zu stören. Lesen ist hilfreich, da entspannende Lektüre ablenkt.

Stabilität durch regelmäßige Information. Bei der Morgenbesprechung erstattet der Wachdienst einen Lagebericht über Vorkommnisse im (Behelfs-)Schutzraum und darüber, welche Nachrichten über die Medien gesendet wurden. Dann wird besprochen, welche neuen Auswirkungen sich für die eigene Lage ergeben und welche Schlußfolgerungen man daraus ziehen muß. Falls sich Fachleute in der Gruppe befinden, sollten sie die Schutzrauminsassen mit den wichtigsten Informationen zum Thema versorgen. Die Zuhörer sind dabei aber auf keinen Fall zu überfordern, sonst lehnen sie diese Information ab oder werden gar depressiv!
Wenn das Telefon noch funktioniert, müssen Sprechzeiten und Benutzungsdauer vereinbart werden. Ein Dauertelefonierer blockiert nicht nur eine wichtige Verbindung nach oder von draußen, sondern kann auch die Aggression in der Gruppe wesentlich erhöhen.

Essen ohne Streß. Wie sich die Situation auch geben wird: Der Mensch kann ohne Essen sehr viele Tage leben! Dies sollten Sie wissen, wenn Sie mit Entsetzen feststellen, daß so gut wie nichts in Ihrem (Behelfs-)Schutzraum gelagert ist oder die Vorräte nach einiger Zeit ausgehen.
Verhalten Sie sich körperlich ruhig, dann senken Sie Ihren Grundumsatz und halten länger durch. Denn wenn Sie nach

einigen Tagen flüchten müssen oder evakuiert werden, müssen Sie noch kräftig genug sein.

Sind aber Lebensmittel vorhanden, müssen sie vom Schutzraum-Verantwortlichen sorgsam eingeteilt und verwaltet werden. Aus psychologischen Gründen ist es ratsam, daß alle zur gleichen Zeit das (möglicherweise sehr kärgliche) Essen einnehmen: Neid wird zurückgedrängt, das Solidaritätsgefühl gehoben.

Es kann sein, daß das Essen noch warm zubereitet werden kann. Hierbei ist zu beachten, daß die Raumtemperatur zusätzlich aufgeheizt wird – und der kalte Essensgeruch nicht nur Kranken unangenehm ist.

Ein Essensdienst sollte eingerichtet werden, um ein Durcheinander in der »Küche« zu verhindern – besonders wenn sich alles an einem Camping-Kocher abspielen muß. Außerdem muß geklärt werden, wie das benutzte Geschirr gesäubert wird. Es sollte möglichst sauber ausgegessen werden, während man letzte Reste mit Klosettpapier auswischt.

Gruppenaufgaben mit Sorgfalt erledigen. Auch wenn im (Behelfs-)Schutzraum die unterschiedlichsten Personen zusammentreffen: Es muß darauf geachtet werden, daß jeder die ihm zugeteilten Aufgaben in aller Sorgfalt erfüllt. Dieser Akt der Solidarität ist keineswegs selbstverständlich. Nach der ersten Streß-Situation, wo sich noch viele bereitwillig untergeordnet haben, muß sich erst eine neue »Rangordnung« einpendeln.

Unabhängig von der aktuellen Hierarchie sind alle Anwesenden für das Wohlergehen der Gruppe in gleichem Maße verantwortlich. Deshalb – und weil mancher Fehler unverzeihlich sein würde –, ist es selbstverständlich, daß jede Tätigkeit an ihrem Ende von der Gruppe (oder von den von ihr Beauftragten) kontrolliert wird.

3. Sorgen Sie sich um Ihre Luft!
Das gilt sowohl für alle Bunkerinsassen als auch für alle, die

sich in einer Wohnung mit völlig abgedichteten Fenstern und Türen befinden. Wie Sie wissen, kann es zwei, drei oder vielleicht noch mehr Tage dauern, bis die Außenluft nicht mehr hochgradig radioaktiv verseucht ist. Wie lange können Sie dann mit der Luft in Ihrem Raum auskommen? Mit einer Faustregel können Sie die noch vorhandene Luftmenge einschätzen (vgl. Kasten unten).

$$\frac{\text{Rauminhalt}}{\text{Belegungsstärke} \times \text{Luftverbrauch pro Person}} = \text{Zeitdauer (min)}$$

Beispiel:
Der Schutzraum mißt 3x4x2 Meter = 24 Kubikmeter.
Es befinden sich 4 Personen im Raum. Ruhende Menschen verbrauchen 0,03 cbm je Minute, arbeitende Menschen 0,10 cbm je Minute.
Wenn alle Menschen in diesem Raum sich ruhig verhalten, ergibt sich:

$$\frac{24}{4 \times 0,03} = \frac{24}{0,12} = 200 \text{ Minuten}$$

Wenn dagegen alle Menschen aufgeregt sind und noch arbeiten, können sie sich nur 60 Minuten im gleichen Raum aufhalten. Es lohnt sich also, einen kühlen Kopf zu bewahren!

Wer seinen (Behelfs-)Schutzraum bestens abgedichtet hat, konnte wahrscheinlich die radioaktive Strahlung wesentlich reduzieren — jetzt aber geht ihm die Luft aus!
Während es in kommerziell erbauten Bunkern eine Lüftungsanlage mit Filter gibt, müssen alle Behelfsschutzräume erst mit einer Notlüftung versehen werden.

Wie baue ich eine Notbelüftung?

Sie benötigen dazu zwei Rohre; Art und Dicke des Materials spielen keine Rolle. Eines davon wird als Luftzufuhrrohr und eines als Abluftrohr verwendet.

Das Luftzufuhrrohr wird auf der einen Seite mit einem Gitter versehen. Darauf füllt man rund 10 cm Kies (oder kleine Steine) und 5–6 cm Sand. Fehlt letzterer, kann dazu auch Mehl oder Semmelbrösel verwendet werden. Eine weitere Filterschicht ist Schlacke. Da sie in einer Wohnung aber wohl kaum erhältlich sein dürfte, kann man sich hier mit Holz, Stroh, Kopfkissenfedern oder Verbandmull (Gaze) behelfen. Darauf wird nun die letzte Filterschicht aus Kohle gegeben. Das so gefüllte Rohr wird nun mit einem Stück Textilgewebe oder Stoff geschlossen. Achten Sie aber darauf, daß die Filterstoffe nicht zu eng oder zu dicht liegen. Denn dann kann überhaupt keine Luft durch das Rohr in Ihren Schutzraum dringen!

Das Abluftrohr muß nur nach außen abgedichtet werden, damit keine radioaktive Luft in den Raum dringen kann. Hierzu verwendet man dieselben Filterstoffe wie oben angegeben, jedoch eine etwas geringere Menge. Auch dieses Rohr wird – nach außen – mit einer Gewebeschicht abgedichtet.

Nun muß noch ein Ventilationssystem geschaffen werden, das unverbrauchte Luft in den Schutzraum saugt. Hierfür benötigen Sie einen Ventilator. Dieser muß so mit dem Rohr verbunden werden, daß die notwendige Saugwirkung entstehen kann. Um die Drehachse des Ventilators wird nun ein Riemen, ein Seil oder ein verdrillter Damenseidenstrumpf gelegt. Dieser wird dann mit einer Handkurbel oder dem Antriebszahnrad eines Fahrrads verbunden. Die Ventilation wird dann mit der Hand betrieben.

Eine weitere Möglichkeit ist das Einsetzen eines Staubsaugers. Dies ist jedoch nur bei vollem Strombetrieb möglich. Er saugt frische und gefilterte Außenluft in den Raum. Frische Filterbeutel können eine weitere Filterwirkung erfüllen. Die vom Staubsauger austretende Luft ist nun Ihre »Frischluft«, auch wenn sie durch den Motor angewärmt worden ist.
Das Abluftrohr sollte im oberen Drittel des Raums angebracht werden, im Gegensatz zum Luftzufuhrrohr, das sich im unteren Drittel befindet. Denn verbrauchte, meist erwärmte Luft steigt nach oben. Dort wird sie automatisch von der einströmenden Frischluft – die im Raum einen leichten Überdruck erzeugt – durch den Notfilter des Abluftrohrs hinausgedrückt.
Denken Sie immer daran, Lüftung und Ventilation zu bedienen und regelmäßig zu kontrollieren. Frische Luft ist für alle lebenswichtig! Der Gruppenverantwortliche muß jeden Tag zwei Personen einteilen, die abwechselnd den Ventilator bedienen.
Bauen Sie Zwischenfällen vor! Richten Sie Ersatzmaterial her, um jederzeit den Filter erneuern zu können.

4. Was tun, wenn der Strom ausfällt?

Solange die Stromversorgung noch intakt ist, gibt es keine Probleme: Sie haben Licht, Luft durch den Ventilator, Wärme und Radiobetrieb wie gewohnt »aus der Steckdose«.
Fällt der Strom jedoch aus, gibt es kein Licht, die Informationen aus dem Radio fallen schlagartig weg, und auch Ihre Luftversorgung fällt aus! Plötzlich sitzen alle im Dunkeln: Es entsteht Unruhe, die Stimmung der Betroffenen sinkt. Panik droht.
Eine solche gefährliche Stituation muß, wenn sie eintritt, schnell entschärft werden.
Sie sollten vorsorglich bereits durchgesprochen haben, was in

einem solchen Fall zu tun ist. Sie legen rechtzeitig alle auffindbaren Kerzen, Taschenlampen, Petroleum- oder Gaslampen sowie Streichhölzer, Feuerzeuge an einem Ort bereit. Fällt der Strom wirklich einmal aus und ist es dann zusätzlich auch noch dunkel, ist eine Ersatzbeleuchtung sofort griffbereit.
Gehen Sie aber sehr sparsam damit um, denn sie ist nur begrenzt nutzbar. Das Petroleum oder Gas kann ausgehen, und die Kerzen können abbrennen. Beachten Sie auch, daß dieses Licht schwächer ist als das elektrische. Kerzen oder eine Petroleumlampe verbrauchen in erheblichem Maße den notwendigen Sauerstoff und heizen den Raum auf!
Suchen Sie alle Batterien zusammen, und bewahren Sie sie an einem bestimmten Ort auf. Ältere und gebrauchte werden als solche gekennzeichnet. Batterien werden lebenswichtig dann, wenn das Radio Ihre einzige Informationsquelle zur Außenwelt ist. Um die Batterien zu schonen, schalten Sie das Radio nur noch zu den bekannten Zeiten der Durchsagen ein.
Sorgfältig auf sparsamsten Verbrauch der Energievorräte achten. Taschenlampe, Ersatzbatterien, Kerzen und Streichhölzer oder Feuerzeug müssen immer griffbereit sein.

5. Wasser bedeutet Überleben
Wasser brauchen Sie zum Trinken, Waschen oder Dekontaminieren. Verstrahltes Wasser muß gefiltert oder weggegossen werden. Kurz nach dem Beginn der Katastrophe kann man aber noch mit unverstrahltem Wasser rechnen, da das Leitungswasser als Grundwasser gewonnen wird. Bei Oberflächenwasser jedoch ist höchste Vorsicht geboten! Erkundigen Sie sich deshalb, woher Ihr Trinkwasser kommt. Beachten Sie die Hinweise und Ratschläge auf S. 98.

6. Jeder für jeden
Krisensituationen können nur dann gemeistert werden, wenn alle Beteiligten solidarisch sind und sich für das gemeinsam angestrebte Ziel einsetzen.

Auch wenn Sie sich unterordnen müssen, ist die Ihnen zugeteilte Aufgabe sorgfältig auszuführen. Nachlässigkeit kann alle gefährden. Deswegen sollten Sie folgende Regeln beachten:
- Bleiben Sie ruhig, geben Sie ein gutes Beispiel.
- Unterdrücken Sie Ihre Furcht, auch wenn Sie unter ihr leiden.
- Bringen Sie alles in die Gemeinschaft ein, was Sie an Kenntnissen und Fähigkeiten anbieten können.
- Bleiben Sie solidarisch, auch wenn es andere Ihrer Meinung nach nicht in ausreichendem Maße sind. Denn dadurch beschämen Sie die anderen so, daß sie sich mitziehen lassen, oder Sie halten andere davon ab, auch unsolidarisch zu sein. Fehlende Solidarität schwächt die Gruppe empfindlich und verringert ihre Chancen.
- Schonen Sie Schwächere, sorgen Sie für Strahlenkranke. Sie könnten der nächste sein — und sind dann ebenfalls auf die Hilfe der Gesunden angewiesen.

Vorsicht nach Ende der akuten Gefahr!

Nach dem Durchzug der radioaktiven Wolke werden die Behörden, sobald es möglich ist, Teilentwarnung geben. Das bedeutet, daß dann die Werte der Radioaktivität in der Luft so weit zurückgegangen sind, daß sie wieder geatmet werden kann, ohne daß ernsthafte gesundheitliche Schäden zu erwarten sind.
Was Sie dann unternehmen können, hängt davon ab, wie intensiv die Umgebung, in der Sie sich befinden, verstrahlt ist. Auch wenn Entwarnung gegeben wird, gehen Sie nicht außer Haus, ohne einen entsprechenden, dicht zu schließenden Anzug anzuziehen und einen Atemschutz zu benutzen. Denn es können auf kleinstem Raum große Strahlungsunterschiede auftreten. Nach der Katastrophe von Tschernobyl wurden in Baden-Württemberg bei Bodenproben auf engstem Raum

Werte zwischen einigen wenigen tausend Becequerel und 500 000 Becquerel je Quadratmeter gemessen.
Bleiben Sie jedoch, solange es geht, in Ihrem Schutzraum oder in anderen geschlossenen Räumen. Gehen Sie nur dann ins Freie, wenn es unbedingt sein muß. Beachten Sie die Anweisungen der Behörden, die spätestens nach einigen Tagen Maßnahmen wie die Evakuierung der Bevölkerung, die Ausgabe von Jodtabletten und unverstrahlter Nahrung sowie die Dekontamination von Menschen und Material durchführen.
Richten Sie rechtzeitig Ihr Notgepäck her (vgl. S. 135 ff.).

Meßwirrwarr

Becquerel, Millirem und Gammadosis — was steckt dahinter? Womit mißt man sie?

Strahlen zu messen, ist sehr kompliziert. Verschiedene Meßtechniken und Bezeichnungen der gemessenen Werte lassen die wirkliche Menge und Intensität der Strahlung für den Bürger oft im Dunkeln. Manche Werte sind so klein, daß man überhaupt nicht versteht, warum sie erwähnt werden, andere wiederum erscheinen mehrstellig gefährlich. Mal liest man Becquerel, mal Millirem, mal Curie, Sievert oder auch Röntgen.
Um die Auswirkungen der gemessenen Strahlen verstehen zu können, muß man sich jedoch mit diesen Begriffen vertraut machen. Auch sollte man immer darauf achten, wer die Messungen durchgeführt und wer sie veröffentlicht hat. Am besten wäre es natürlich, selbst ein Strahlenmeßgerät zu besitzen, das ausreichend zuverlässig mißt und mit dessen Handhabung man vertraut ist. Nur dann kann man die eigene Bedrohung durch radioaktive Strahlen erkennen.

Begriffe, die für Sie bedeutend sind

Eine wesentliche Ursache, die nach dem Unglück von Tschernobyl für Verwirrung bei den Meßwerten sorgte, war die am 1. 1. 1986 in Kraft getretene Umstellung der Meßbegriffe.
Die sogenannte Strahlenaktivität sagt aus, wieviel Strahlung von bestimmten Stoffen ausgeht. Hier geht man von der Zerfallsaktivität des Urans aus. In nur einer Sekunde zerfallen 3,7 Billionen Atomkerne. Bei dieser Spalt-»Aktivität« entstehen radioaktive Strahlen. Diese wurden bislang in Becquerel (Bq) gemessen. Ein Becquerel ist die Menge der Atomzerfälle je

Sekunde; der Wert sagt noch nichts über die Wirkung der entstehenden Strahlenarten aus. Seit Januar 1986 wird diese Einheit jedoch nicht mehr verwendet. Man benutzt jetzt Curie (Ci) als Normeinheit. Ein Curie sind 37 Milliarden Becquerel. Und umgekehrt ist ein Bequerel 0,000000000027 Curie.

Einheiten der radioaktiven Strahlung

Bedeutung	Einheit	alte Einheit (bis 31. 12. 85)	Umrechnung	
Aktivität	Bequerel (Bq)	Curie (Ci)	$1\ Ci = 3{,}70 \cdot 10^{10} Bq$	$1\ Bq = 2{,}70 \cdot 10^{-11} Ci$
Äquivalentdosis	Sievert (Sv)	rem	$1\ rem = 10^{-2} Sv$	$1\ Sv = 100\ rem$
Äquivalentdosisleistung	Sv/h; Sv/min	rem/h; rem/s	$100\ rem/h =$ $1\ Sv/h = 1\ Sv/h$	$1\ rem/h = 2{,}78 \cdot 10^{-6} \frac{W}{kg}$
Energiedosis	Gray (Gy)	Rad (rd) $1\ RD = 100\ erg/g$	$1\ rd = 10^{-2} Gy$	$1\ Gy = 100\ Rd$
Energiedosisleistung	Gy/h; Gy/d	rd/h; rd/s	$1\frac{Gy}{d} = 100\frac{rd}{h}$	$1\frac{W}{kg} = 3{,}6 \cdot 10^{3}\frac{Gy}{h}$
Ionendosis	Röntgen (R)	Röntgen (R)	$1\ R = 2{,}58 \cdot 10^{-4} \frac{C}{kg}$	$1\frac{C}{kg} = 3{,}88 \cdot 10^{3}\ R$

Die als Strahlung freiwerdende Energie wirkt auch auf andere Materie. Die Strahlenenergie wird beim Zusammentreffen ganz oder nur teilweise auf die Materie abgegeben. Diese übertragene Menge nennt man die Energiedosis. Sie wird in rad (roentgen aequivalent dosis) angegeben oder auch — da die freiwerdende Energie als Wärme freigesetzt wird — in Joule. Ein

rad entspricht 0,01 Joule pro Kilogramm. Seit Anfang 1986 gilt auch hier eine größere Maßeinheit als Normgröße: ein Gray (gy) sind gleich 100 rad oder 1 Joule pro Kilogramm.
Als weitere Maßeinheit wird die Ionendosis gemessen. Sie gibt die Zahl der bei der Energieübertragung freiwerdenden Ionen an. Dabei wird nicht zwischen den verschiedenen Strahlenarten unterschieden. Als Maßzahl der Anzahl von Ionen wird Röntgen verwendet. Mit Röntgen bezeichnen wir normalerweise eine Wellenstrahlung; diese drückt die physikalischen Eigenschaften eines bestimmten Stoffes aus. Röntgen können auch in rad oder Coloumb umgerechnet werden.
Für uns am bedeutsamsten ist jedoch die Wirkung der Strahlung auf den Körper oder dessen einzelne Organe. Die Dosis, die nun die biologische Wirkung der Strahlung angibt, nennt man die Äquivalentdosis. Die Meßergebnisse werden in rem (roentgen equivalent man) ausgedrückt, seit 1986 in Sievert (Sv) angegeben. Ein Sievert sind gleich 100 rem.
Bei all diesen Werten muß man jedoch vorsichtig sein. Denn nicht alle Strahlen, die unseren Körper radioaktiv verstrahlen, wirken auf den gesamten Organismus. So lagert sich Jod beispielsweise nur in der Schilddrüse, Strontium nur in den Knochen oder im Rückenmark ab.
Die verschiedenen Strahlenarten sind für den Menschen unterschiedlich gefährlich (vgl. S. 71). So verlieren die Alphastrahlen schon nach wenigen Zentimetern ihre Energie. Unter Umständen könnten sie mit einem Blatt Papier abgehalten werden.
Je höher die Ionendichte, also die »Intensität« der Strahlung ist, desto größer ist beim Zusammenprall mit einer Materie auch die Energieübertragung. Und damit auch die Wirkung.
Die je nach Strahlenart unterschiedlichen Mengen an erzeugten Ionen haben auch unterschiedliche Wirkungen. Um eine gesamte Strahlenwirkung auf den Menschen zu ermitteln, gehen Fachleute folgendermaßen vor: Da unterschiedlich starke Strahlen den Körper treffen, werden die starken (energiereichen) Strahlen weniger stark, die schwache (energiearme)

Strahlung jedoch stärker gewichtet, um einen realistischen Mittelwert zur Berechnung der Einwirkung aller Strahlenarten zu erhalten. Die Gewichtung erfolgt mit dem sogenannten »Bewertungsfaktor q«; früher wurde er als »Relative biologische Wirksamkeit« (RBW-Faktor) bezeichnet. Dieser Bewertungsfaktor gibt an, um wieviel die Energiedosis einer Strahlenart größer oder kleiner sein muß, um die gleiche biologische Wirkung zu erreichen.

Multipliziert man die Energiedosis (die frei werdenden Ionen) mit dem Bewertungsfaktor q, erhält man die Äquivalentdosis. Zählt man die Äquivalentdosen der verschiedenen Strahlenarten zusammen, erhält man die Gesamtkörperdosis.

Relative biologische Wirksamkeit (RBW)	
Strahlenart	RBW-Faktor
Alpha	20
Beta	1
Gamma	1
Neutronen	2−20
	(je nach Geschwindigkeit)

Was man alles messen kann

Tatsächlich gemessen werden kann immer nur die Aktivität der Strahlung. Die Dosisleistung kann durch die Kenntnis der physikalischen Eigenschaften der Strahlen mit Hilfe von Meß- und Rechengeräten simuliert und errechnet werden. Letztlich macht jedoch erst die Zuordnung zu Bezugsgrößen (beispielsweise Flächenangaben, Gewichte, Organe usw.) die Meßwerte sinnvoll. Denn erst dann kann man sie beurteilen.

Die Personendosis mißt nicht, wie man vielleicht auf den ersten Blick annehmen würde, die Dosis einer ganzen Person. Sie bezieht sich nur auf bestimmte Teile des Körpers.

Eigentlich sind es nur »Stichprobenmessungen«. So sind beispielsweise die Strahlenwerte, die man an der Brust mißt, für eine Beurteilung einer Ganzkörperbestrahlung ausschlaggebend; die gemessenen Werte am Finger werden als »Maßzahl« für die Hand genommen usw.

Neben der Personendosis kann man auch die Körperdosis angeben. Sie unterscheidet sich in der Ganzkörperdosis und der Teilkörperdosis. Die Ganzkörper ist der Durchschnittswert aller an unterschiedlichen Stellen (Kopf, Rumpf, Oberarm, Oberschenkel) gemessenen Werte. Die Teilkörperdosis hingegen ist die Belastungsangabe für einen ganz bestimmten Körperabschnitt oder ein bestimmtes Organ.

Miß man nun die Äquivalentdosis, also die biologische Wirkung der Strahlenbelastung, an einem bestimmten Ort, in Hannover-Nord, in Huglfing oder in der Lüneburger Heide, so wird dieser Wert Ortsdosis genannt. Sie zu ermitteln ist notwendig, da die Strahlenbelastungen regional vollkommen unterschiedlich sein können.

Strahlenmeßgeräte

Es wird eine Vielzahl von Meßgeräten für die verschiedensten Anwendungen angeboten. So einfach sie oft zu bedienen sind, so kompliziert ist ihr Innenleben.

Was allen diesen Geräten gemeinsam ist: Sie nutzen die Eigenschaft der Ionen, Energie an Materie abzugeben. Diesen Vorgang kann man in Spannungs- oder Stromimpulse umwandeln. Die Impulse werden gemessen und gezählt. Das Ergebnis leuchtet dann auf einer Digitalanzeige auf oder wird akustisch gemeldet.

Ein Geigerzähler sieht äußerlich sehr einfach aus: Es gibt ein Zählrohr sowie ein Auswertungs- und Bedienungsinstrument. Das Innenleben des Zählrohrs ist jedoch kompliziert. In ihm ist die sogenannte »Ionisationskammer«, in der ein elektrischer

Plattenkondensator eingebaut ist. Zwischen den Platten befindet sich ein leicht ionisierbares »Füllgas«.
Die Anoden und Kathoden, also die Minus- und Pluspole des Kondensators, sind so angebracht, daß beim Anlegen elektrischer Spannung ein vollkommen gleichmäßiges elektrisches Spannungsfeld entsteht. Einzige Voraussetzung ist, den Stecker des Gerätes in eine Steckdose zu stecken oder die Batterie anzuschalten.
Je nach Strahlenart werden verschiedene Meßmethoden angewendet. Dem schnellen Energieverlust von Alpha- und Betastrahlen versucht man durch Verstärkung zu begegnen. Wenn diese Strahlen in die Ionisationskammer dringen, kann es passieren, daß sie, bevor sie das Zählrohr berühren, ihre Energie schon verloren haben. Aber gerade sie sind für die Messung einer Verstrahlung besonders wichtig. Das bedeutet, daß die Strahlenmeßgeräte mit einem besonders empfindlichen Zählrohr ausgestattet sein müssen. Die Zählrohre besitzen sehr dünne »Eintrittsfolien«, so daß die Strahlung leichter in die Ionisationskammer eindringen kann.
Charakteristisch jedoch ist für diese Meßgeräte die Verwendung eines »Verstärkers«, eines besonders leicht zu ionisierenden Gases. Geeignet hierfür sind Propan, Butan und Methan. Treffen die eindringenden Strahlen schon früh auf diese Gasmoleküle, so können sie ihre Energie leicht an die Gasmoleküle abgeben. Diese sind dann »stark« genug, um bis auf den Boden des Zählrohrs vorzudringen. Bei der Berührung mit dem Zählrohr geben die Gasmoleküle die übertragene Energie ab, die dann in Strominpulse umgewandelt und somit zählbar gemacht wird.
Eine andere Möglichkeit, die Strahlenenergie zu verstärken, ist die Verwendung einer besonderen Kammerwand, die die Ionen dazu bringt, ihre Energie sofort abzugeben. Das Gas in der Ionisationskammer ermöglicht nun, daß die frei werdenden Neutronen immer wieder »Partner« finden, mit denen sie reagieren können.

Ein radioaktives Strahlenteilchen löst also durch Energieübertragung im Zählrohr eine Kettenreaktion von sich anstoßenden Ionen aus. Diese Ionenlawine wird »gezählt«. Durch Umrechnung kann man dann die Zahl der auslösenden Strahlenteilchen bestimmen. Dies ist deshalb leicht möglich, weil die physikalischen Eigenschaften der Strahlen weitgehend bekannt sind.

Sind die Strahlen auch ohne Verstärkung meßbar, kann man sich auch der Methode des Szintillationsdetektors bedienen. Hier wird die Energie der Ionen auf eine bestimmte Materialfüllung (meist Radium, aber auch Diamanten) abgegeben. An einer Innenseite des Gerätes ist eine Photokathode angebracht, welche die Energie der entstehenden kleinsten Lichtblitze aufnimmt und in Strom verwandelt, der dann gemessen wird. Da dieses Gerät hochempfindlich auch auf geringe Mengen von Radioaktivität reagiert, ist diese Methode besonders für die Messung niederer Gammastrahlung geeignet. Sie ist jedoch so aufwendig und teuer, daß sie in der Praxis nur in der Medizin und in der Forschung angewendet wird.

Diese Methoden können allesamt nur die Strahlenintensität, das heißt die Zerfallsaktivität der Strahlung messen. Art und Zusammensetzung der Strahlung können nicht angegeben werden.

Die beschriebenen Geräte eignen sich vor allem für Kontrollmessungen, bei denen die Radioaktivität in der Luft oder auf Flächen bestimmt wird. Die Geräte werden in diesem Fall als »Großflächenzählrohre« bezeichnet. Diese Detektoren besitzen eine relativ hohe Strahlenempfindlichkeit.

Da diese Geräte auch niederenergetische Strahlung registrieren, sind sie für die Messung von niederer Gammastrahlung, die wesentlich auf unseren Organismus wirkt, geeignet.

Meßprobleme können bei extremen Temperaturen entstehen. Manche Füllgase verlieren schon bei wenigen Graden unter null Grad Celsius ihre Fähigkeit, leicht zu ionisieren. Dadurch wird jede Messung verzerrt und ist letztlich sinnlos. Achten Sie also beim Kauf eines Geigerzählers immer darauf, bei welchen Temperaturen Sie das Gerät anwenden können.

Die Messung der Körperbelastung durch die Strahlung, also die Dosisleistung, wird mit den sogenannten Dosimetern vorgenommen. Ihre Funktionsweise entspricht den oben beschriebenen Methoden. Der einzige Unterschied ist, daß die Strahlen durch ein hautähnliches Gewebe, eine »gewebeäquivalente Wand«, in die Ionisationskammer gelangen. Dadurch soll das Eindringen durch die menschliche Haut simuliert werden. Diese Geräte, die früher als HED (Hautdosisleistungsmesser) bezeichnet wurden, sind auch in der Lage, die sich während einer Messung erfolgende Veränderung der Werte sofort anzuzeigen.

Zur Erfassung der Dosisleistung bei Personen kann man verschiedene Geräte benutzen. Sie sind alle sehr klein und so leicht, daß man sie an die Kleidung anheften kann.

Sehr häufig wird das sogenannte Stabdosimeter verwendet. Das Gerät ist etwa so groß wie ein Füllfederhalter. Die Ionisationskammer ist hier als ein langer, schmaler Zylinder ausgebildet. Die Elektrode ist ein biegsamer Quarzfaden. Legt man nun elektrische Spannung an diese Vorrichtung, spreizt sich der Quarzfaden von seiner Halterung weg. Die eintretenden Gammastrahlen sind jedoch im Gegensatz zu den Alpha- und Betastrahlen elektrisch neutral, das heißt, sie erzeugen keine negativ geladenen Ionen. Sie lösen die Elektronen des elektrischen Feldes einfach ab. So läßt die Spannung des elektrischen Feldes ständig nach. Proportional zu dieser Abnahme geht der Quarzfaden wieder in seine ursprüngliche Stellung zurück. Diese Verschiebung des Fadens kann durch ein kleines Glasfenster, auf dem eine Werteskala angebracht ist, beobachtet und abgelesen werden. Stabdosimeter haben in der Regel eine Meßweite von 0 bis 200 mR, oder bis 500 mR (Milliröntgen).

Eine andere Methode wird mit dem Anheften von Filmplaketten, den sogenannten Filmdosimetern, beschritten. Sie wurde erstmals während des Zweiten Weltkrieges bei der Entwicklung

der Atombombe in den Vereinigten Staaten angewendet. Je nach Intensität der Strahlung verfärbt sich die Plakette. Auf sie ist eine spezielle Emulsion aufgetragen, die beim Auftreffen von Ionen schwarz wird. Die Werte können jedoch, je nach verwendeter Emulsion, um den Faktor 10 bis 50 schwanken. Niedrigere Energie schwärzt meistens stärker als höhere.
Diese Meßungenauigkeit mit unterschiedlicher Schwärzung führte meist zu Fehleinschätzungen der aufgenommenen Werte. Darum wurde bald gefordert, daß diese Dosimeter »energieunabhängig« messen müssen. Zu diesem Zwecke wird auf die Plakette ein Metallfilter aufgesetzt. Dieser filtert die energiereichere Strahlung, so daß beide Strahlenarten die gleiche Schwärzungs-Intensität erreichen. Die Auswertung der »Schwärzung« ist jedoch technisch sehr aufwendig, so daß diese Meßmethode nur in der Industrie oder in manchen Forschungslabors angewendet wird.
Wie die Gammastrahlen sind auch die Neutronenstrahlen nicht ionisierend. Um diese dennoch nachweisen zu können, greift man wieder auf leicht ionisierbares Füllmaterial zurück. Hierfür geeignet ist eine gasförmige Fluorverbindung, das Bortrifluorid. Trifft ein Neutron auf ein Atom dieses Gasgemisches, so wird ein Alphateilchen freigesetzt. Die nun meßbare Menge der entstehenden Alphastrahlung zeigt die Strahlenintensität an.
Schnelle Neutronen, wie sie in der Kettenreaktion der Kernspaltung entstehen, können nur dann gemessen werden, wenn um das Zählgerät ein »Bremsstoff«, ein Moderator, angebracht wird. Dieser Schutzmantel ist einige Zentimeter dick und aus einem wasserstoffhaltigem Material, Paraffin oder Poyethylen. Das Material »bremst« die schnellen Neutronen ab, und die dann langsamen Neutronen können nachgewiesen werden.
Die Dosisleistung der Neutronenstrahlung wird, wie bei den anderen Strahlenarten, mit einem »Gewebeäquivalenten Detektor« gemessen. Die Neutronen bevorzugen als »Rückstoß-Protone« die Wasserstoffkerne, das heißt, sie geben ihre

Energie am liebsten an diese Kerne ab. Da menschliches Gewebe zu 65–70% aus Wasser besteht, ist es deshalb hier relativ einfach, menschliches Gewebe zu simulieren. Das »Gewebeäquivalent« ist dann eine Mischung von Wasserstoff- und Stickstoffkernen, wie sie auch im menschlichen Gewebe vorkommt. Ist dieses Verhältnis genau bestimmt, so läßt sich daraus die biologische Strahlenwirkung ableiten. Unter diesen Umständen wird das Zählgerät dann als »Rem-Counter« bezeichnet.
Insgesamt müssen wir feststellen, daß eine Dosisleistung bis heute nicht direkt gemessen werden kann. Man kann sie nur indirekt und rechnerisch ermitteln. Es gibt also kein Gerät, das sofort mißt, welche Wirkung uns von eintreffenden radioaktiven Strahlen droht und das uns dann warnt!

Einen Geigerzähler kaufen?

Durch die Katastrophe von Tschernobyl wurde klar, daß man sich auf ›Offizielle Messungen‹ nur sehr bedingt oder gar nicht verlassen kann. Zu groß waren bei den veröffentlichten Daten die Differenzen zwischen »offiziellen« und privaten Messungen. Auch wenn die Regierungen jetzt ein »Netz von Meßstellen« über das Land legen wollen: Im Wiederholungsfall eines GaU sollen zwar die Meßwerte überall gesammelt, ihre Auswertung und Veröffentlichung aber nur vom Bundesminister für Umwelt, Naturschutz und Reaktorsicherheit in Bonn verantwortet werden. Länderministerien haben nach Tschernobyl zu dem schon verlautbart, daß sie grundsätzlich nur noch dann Meßwerte der Öffentlichkeit übermitteln wollen, wenn diese über den amtlichen Grenzwerten liegen . . .
Selbständige Messungen lohnen sich schon deshalb, weil eine simple Kontrollmessung erkleckliche Summen kostet. Das Bayerische Staatsminsterium für Landesentwicklung und Umweltfragen beispielsweise forderte vom verunsicherten Bür-

ger rund 350 Mark, wenn er seinen Salatkopf durchtesten lassen wollte.

Man sollte den Kauf eines Geigerzählers erwägen! Da seit Tschernobyl bekannt ist, daß höchst unterschiedliche Radioaktivitätswerte auf engstem Raum auftreten können, helfen Ihnen die »Amtlichen Meßwerte« aus der Ferne eigentlich ziemlich wenig. Vielleicht können in einem Mehrfamilienhaus die Parteien zusammenlegen – denn ein ordentliches Gerät kostet heute noch einige tausend Mark. Allerdings gibt es auch schon Modelle für rund 800 Mark; sie messen zwar nicht sehr genau, zeigen aber immerhin einen Anstieg oder ein Abklingen der Radioaktivität an.

Auch wenn es Sie finanziell schmerzen mag, Geld anzulegen für ein Gerät, das Sie hoffentlich nie brauchen werden: Nehmen Sie es hin als einen »Zuschlag« auf Ihre Stromrechnung . . . und sparen Sie den Betrag durch Energiesparmaßnahmen in Ihrem Haushalt wieder ein!

Informieren Sie sich also über die Geräte, die auf dem Markt sind, im medizinisch-technischen Fachhandel oder bei Umweltorganisationen und Verbraucherzentralen. Gehen Sie nach folgenden Kriterien vor:

- Was kann das Gerät messen (Strahlenarten, Meßgrößen)?
- Wie genau mißt es? Preis-Leistungs-Verhältnis prüfen, Einsatzmöglichkeit bei welchen Temperaturen? Eich-Möglichkeiten?
- Batteriebetrieb (Stromverbrauch in welcher Zeit? Akku-Gerät? Solarzellen-Betrieb möglich?
- Benutzer-Freundlichkeit (Größe, Gewicht? Einfache Handhabung und Wartung? Kann das Gerät im Notfall selbst repariert werden?)
- Zubehör (Zählrohre unterschiedlicher Empfindlichkeit? Gerätekoffer, Tragevorrichtung, Wartungswerkzeug?)
- Katastrophen-Eignung (Stoßfestigkeit: Das Gerät muß einen Fall aus einer Höhe von etwas zwei Metern überstehen. Wasserdichtigkeit: Das Gerät muß zumindest Feuchtigkeit

ohne Beeinträchtigung der Funktion tolerieren; wasserdichte Gehäuse gibt es bei den meisten Geräten noch nicht, manche Zählrohre aber werden bereits eigens für Flüssigkeitsmessungen hergestellt.

Vorsorge

So bereiten Sie sich auf den Tag vor, den Sie niemals erleben wollen

Ist die Atom-Katastrophe erst einmal eingetreten, ist es für alle Vorbereitungen zu spät: Man muß dann mit dem auskommen, was gerade vorhanden ist. Das gilt nicht nur für Lebensmittel, Geräte und Kleidung, sondern auch für die vielen Kleinigkeiten, die man jeden Tag ganz selbstverständlich benutzt. Schon wenn die Zahnbürste oder ein Messer im (Behelfs-)Schutzraum fehlt, kann das recht unangenehm sein.
Oft sind Kleinigkeiten Auslöser großer Wirkungen. Ein Reaktorunfall mit seinen Folgen kann Sie oder andere psychisch so sehr belasten, daß geringfügige Umstände ausreichen, um eine verzweifelte Stimmung auszulösen. Gerade dies aber muß vermieden werden.
Auch der notwendige Aufenthalt im Schutzraum kann bei entsprechender Vorbereitung erträglich gestaltet werden. Konkret heißt das: All die Dinge, die man im Notfall einmal benötigen dürfte, müssen überlegt zusammengestellt, gekauft und bereitgelegt werden. Regelmäßig müssen dann die Utensilien auf ihre Funktion hin überprüft werden, der angeschaffte Lebensmittel-Vorrat muß verbraucht und ersetzt werden. Denn im Ernstfall nützen Ihnen weder eine brüchige Schutzkleidung noch ungenießbare Lebensmittel.
Überprüfen Sie sorgfältig die untenstehenden Listen und kontrollieren Sie Ihre Bestände. Ergänzen Sie gegebenenfalls fehlende Artikel! Finanziell wird Ihnen manches jetzt als überflüssige Ausgabe vorkommen, aber: Lebensmittel in Dosen werden im Laufe der Monate immer wieder verbraucht und müssen dann nur wieder ergänzt werden. Das gleiche gilt für Hygiene-Artikel und Reinigungsmittel. Was anderes Material betrifft, so

ist zu prüfen, ob Sie nicht durch überlegten Einkauf eine Mehrfach-Nutzung erreichen können. So kann notwendiges Werkzeug im Alltag genauso genutzt werden wie ein Camping-Kocher, Medikamente, Schutzbekleidung (beim Besprühen von Gartenbäumen mit einem Pflanzenschutzmittel oder ähnlichem) und so fort. Nur die Anschaffung eines Geigerzählers oder von Atemschutzmasken könnte Ihnen als Zusatzausgabe erscheinen. Aber zu den Gefährdungen in unserer Zivilisation gehören auch Chemie-Unfälle, die ebenfalls einen derartigen Schutz erfordern.

Schutzbekleidung

Feuerwehr, Technisches Hilfswerk und andere Organisationen verstehen unter einem »Schutzanzug« eine sogenannte ABC-Ausrüstung — wobei das ABC für atomare, biologische und chemische Gefahren steht. Zur offiziellen ABC-Ausrüstung gehören ein Strahlenschutzanzug (mit Kapuze), eine Atemmaske und dazugehörige Filter, sowie abwaschbare Stiefel und Handschuhe. Letztere sind aus luftundurchlässigem, schwer entflammbarem Material mit glatter Oberfläche.

Wenn Sie sich eine ABC-Schutzausrüstung kaufen wollen, müssen Sie mit folgenden Preisen rechnen:

Schutzanzug	ab DM 200
Stiefel	DM 70
Handschuhe	DM 20
Atemschutzmaske	ab DM 200

Für rund DM 500 pro Person ist eine komplette Schutzkleidung zu erwerben. Aber es gibt auch genügend Ersatzmöglichkeiten: Hobbysegler können ohne weiteres ihren wasserdichten Segelanzug nehmen, und nicht nur sie, sondern auch viele andere Bürger haben wasserdichte Gummistiefel und einen »Ostfriesen-Nerz« zu Hause. Die Gummihandschuhe sind beim Strahlenschutz-Anzug besonders stabil, aber Küchenhandschuhe

tun's im Notfall auch. Auch für die Atemschutzmaske mit mehreren Filtern gibt es bisweilen »zivile« Einsätze, beispielsweise beim Umgang mit ätzenden Substanzen, beim Abbeizen alter Möbel und ähnlichem.
Es geht also auch anders – und daran sollten Sie denken, wenn Sie jetzt die folgenden Listen durchgehen.

Als Behelfsschutzanzug können verwendet werden:
- Sporttaucheranzug
- Surfanzug
- Motorradbekleidung aus Gummi oder Leder
- Gut imprägnierter Ski-Anzug
- Ledermantel
- Gummimantel, »Ostfriesen-Nerz«
- Anglerhose mit angesetzten Stiefeln und gummierter Jacke
- Gummierter Regenanzug für Wassersportler.

Als Handschuhe eignen sich:
- Haushalts-PVC-/Gummihandschuhe
- lange und dichte Lederhandschuhe.

Als Stiefel kann man verwenden:
- Gummistiefel
- Reitstiefel aus Gummi oder Leder
- Hohe Lederstiefel
- Kunststoff-Ski-Stiefel
- Hohe Wanderstiefel
- Fallschirmspringerstiefel
- Anglerstiefel.

Als Kopfbedeckung sind geeignet:
- Große Gummibadehauben
- Dichte Plastiktrockenhauben
- Plastiktüten (jedoch nicht über Nase und Mund!)
- Lederhüte mit breitem Rand

- Feuerwehrhelme mit Nackenschutz
- Stahl- und Plastikschutzhelme.

Entscheidend ist, daß der Körper vollständig bedeckt werden kann. Sind die Schuhe oder Handschuhe nicht völlig dicht, muß man Plastiktüten darüberziehen. Sie werden mit einem Einweckgummi, einem festen Bindfaden oder Strick am Arm oder Bein festgeknotet.
Achten Sie auch darauf, daß das Obermaterial der Kleidung fest, wasserundurchlässig und glatt ist. Auch sind glatte Sohlen, wie beispielsweise bei manchen Gummistiefeln, vorteilhaft. Denn glatte Oberflächen lassen sich einfacher und gründlicher reinigen, auch von verstrahlten Teilchen, die durch radioaktiven Staub oder Flüssigkeit an die Kleidung gelangen.
Das Material wird im Lauf der Lagerzeit leicht brüchig. Schon kleine Löcher oder Risse können Strahlen auf die bloße Haut durchlassen und Sie im Ernstfall verstrahlen. Pflegen und überprüfen Sie deshalb regelmäßig die Kleidungsstücke, die Sie sich als Schutzkleidung ausgewählt haben.

Schutzmasken gibt es nur im Fachhandel. Wenn Sie nicht wissen, wo Sie sie erwerben können, rufen Sie einfach die Polizei oder Ihre zuständige Feuerwehr an. Sicherlich gibt es da hilfsbereite Mitbürger, die Sie beraten. Und darauf sollten Sie beim Kauf einer Schutzmaske (Preis: ab DM 200) achten:
- Große Sichtscheibe
- Klare Sicht: Doppelglas
- Gute Paßform, auch für Brillenträger
- Weiche Paßkanten
- Bequeme Tragweise
- Leichte Filterhandhabung
- Pflegeleichtes Material.

Zusätzliche Hilfen: Auch Decken und Planen können ersten Schutz bieten. Sie können sich mit ihnen zudecken oder sie

über sich stülpen, um so die ersten Strahlenteilchen behelfsmäßig abzuschirmen. Gut geeignet sind:
- Gummierte Autoschutzplanen, Motorrad- und Fahrradschutzdecken
- Glatte, gummierte Tischdecken (Mindestgröße 140 x 180 cm)
- Plastikfolien, wie sie zur Abdeckung von Silos in der Landwirtschaft genutzt werden.
- Gummierte oder PVC-Duschvorhänge
- PVC-beschichtete Zeltplanen oder Dachzelte
- Isoliermatten für Dachabdichtungen
- Große Plastiktüten oder Müllsäcke.

Nur beschränkt geeignet sind:
- Große Garten-Sonnenschirme (schützen nur für wenige Minuten)
- Umgedrehte PVC-Planschbecken, Badeboot oder Liegematratze
- Folie zum Abdichten von Zierteichen
- Teppich mit gummierter Unterseite, die nach außen gewendet wird.

Diese Materialien schützen nicht nur Sie, sondern können auch als Abdichtungsmaterial für Fenster, Türen, Lüftungen und Kamine verwendet werden. Sie sind in jedem Kaufhaus, Sport- oder Bastlerbedarfsgeschäft für wenig Geld zu erwerben.

Schutzräume

Wird man von der radioaktiven Strahlung überrascht, gibt es viele Möglichkeiten, sich in Räume, Häuser oder Schutzkeller zu begeben. Die Schutzwirkung ist jedoch je nach Material des Hauses oder Kellers unterschiedlich. Die Bewertung der Baumaterialien und ihre Schutzwirkung gegen Gammastrahlung wird in Zehntelwertdicken angegeben. Dieser Wert besagt, wie dick das entsprechende Material sein muß, damit die außen auftretende Strahlendosis auf ein Zehntel verringert wird. Die Zehntelwertdicke beträgt für Stahl 7 Zentimeter, für Beton 20 Zentimeter, für Vollziegel 26 Zentimeter, für Erde 30 Zentimeter, für Wasser 52 Zentimeter und für Tannenholz 93 Zentimeter.

Daraus ist ersichtlich, daß Stahl und Beton für den Schutz vor Strahlung am besten geeignet sind. Schon jedes »normal« gebaute Haus hat Beton- oder Ziegelwände, die meist dicker als 20 Zentimeter sind. Das bedeutet, daß beim Aufenthalt in einem Haus oder in der Wohnung bereits ohne weitere Schutzmaßnahmen neun Zehntel der Gesamtstrahlung abgehalten werden, sofern nicht Fenster und Türen die Schutzwirkung der Mauer mindern. Für Schutzräume sind zwei Zehntelwertdicken vorgeschrieben.

Aus diesen Überlegungen kann man bereits ableiten, wo der Aufenthalt bei auftretender Strahlung am sichersten ist. Alle Häuser und andere Aufenthaltsorte haben unterschiedliche Schutzfaktoren (s. Tabelle). Die äußere Strahlung wird durch diesen geteilt — und der Wert, der dabei herauskommt, gibt die Strahlenbelastung an, die in den Raum eindringen kann.

Aufenthaltsort	Schutzfaktor
Tiefkeller von Hochhäusern, Tunnel, Bergwerkstollen, Bunker und gehärtete Spezialschutzräume	1000 und mehr
Keller mehrstöckiger Häuser, die völlig unter der Erde liegen	250–1000
Keller- und Mittelbereich (z. B. Flur) mehrstöckiger Häuser, deren Keller teilweise über die Erdoberfläche ragen; Zentralbereich im Erdgeschoß mehrstöckiger Häuser alter, massiver Bauart mit gut schließenden Fenstern mittlerer Größe	50–250

Keller ein- bis zweigeschossiger Häuser, die unter der Erdoberfläche liegen; Zentralbereich im Erdgeschoß von Häusern mit mehreren Stockwerken und dünnen Wänden und Fenstern	10−50
Keller von ein- bis zweigeschossigen Häusern, deren Keller teilweise über die Erdoberfläche ragen; Zentralbereich der unteren Stockwerke mehrgeschossiger Häuser mit großer Grundfläche; Zentralbereich im Erdgeschoß alter Häuser mit ein bis zwei Stockwerken und mit starken Wänden und normalen Fenstern	2−10
Obergeschosse von ein- bis zweigeschossigen Häusern, ebenerdigen Hallen usw.	1,4−5
Deckungsgräben mit Abdeckung durch Folie, Plane, Decke und dünner Erdschicht	3,3−5
PKW, LKW, wenn das Verdeck nur geringfügig verstrahlt ist	ca. 1,7

Überlegen Sie sich also vorher, wo welche Gebäude, die Sie als Schutzraum bei einer atomaren Katastrophe aufsuchen könnten, in der Nähe Ihrer Wohnung oder Ihres Arbeitsplatzes stehen.

Besser ist es jedoch, einen eigenen Schutzraum zu planen. Um sich das Leben darin so erträglich wie möglich zu machen, benötigt man bestimmte Geräte, Werkzeuge und Möbel. Möglicherweise müssen Sie sich bis zu 14 Tage ohne Versorgung von außen in diesem Raum aufhalten können.

Ausstattungsgegenstände

Als Mindestausstattung ist erforderlich:
- Sitzmöglichkeiten für alle vorgesehenen Personen, Liegegelegenheiten für mindestens ein Drittel der geplanten Belegung; verwenden kann man Matratzen, Schlafsäcke, Decken oder Feldbetten
- Regale oder Ablagen für die notwendigen Vorräte
- Not-Abort und Waschgelegenheit
- Dekontaminationsplatz, wo auch der Abfall aufbewahrt wird.

Abdichtmaterial für Fenster, Türen, Lüftungen

Für das luftundurchlässige Abdichten von Öffnungen sind geeignet:
- Abdichtungsband
- Abdichtungsschaum
- Jedes Klebeband, wenn es breit genug ist
- Schaumstoffbänder, die in die Innenkanten der Fenster und Türen geklebt werden
- Papier.

Zur zusätzlichen Abdeckung ganzer Flächen kann man verwenden:
- Plastikfolien
- Gummihaut
- PVC- oder Duschvorhänge
- Plastiktischdecken
- Teppiche, die an der Unterseite gummiert sind
- Aluminiumfolien
- Sandsäcke oder Erde.

Werkzeuge und Geräte

Mit den entsprechenden Gerätschaften kann man notwendig werdende Arbeiten ausführen. So brauchen Sie
für ›alltägliche‹ Arbeiten:
- Taschenmesser, Universalmesser
- Sägen für Holz und Metall
- Hammer, (Stahl-)Nägel, Schrauben, Handbohrer
- Kneif-, Kombi-, Wasserpumpen- oder Beißzange
- Satz Schraubenzieher und -schlüssel, auch für kleine Schrauben und Muttern
- Stabiles Seil
- Eimer, Bottiche
- Set für Arbeiten an elektrischen Geräten

zur Brandbekämpfung:
- Wassereimer
- Feuerlöscher (chemisch)
- Löschdecke
- Brandhaken
- Feuerpatsche

zur Selbstbefreiung:
- Schaufel
- (Klapp-)Spaten
- Spitzhacke
- Brechstange, Einreiß-Haken
- Bügelsäge oder Fuchsschwanz
- Metallsäge
- Meißel
- Axt.

Lüftung und Ventilation

In einem vollkommen abgedichteten Schutzraum wird die Luft schnell verbraucht sein — das kann Lebensgefahr bedeuten! Sie

benötigen deshalb eine Lüftung. Als Material wird gebraucht:
- Ein Rohr (Material egal, mit ausreichend weitem Durchmesser)
- Filtermaterial
  - Stroh
  - kleine Steine, Kies
  - Sand, Mehl
  - Aktivkohle (auch Holz-, Braunkohle)
- Abdichtendes Material
  - Abdichtmasse
  - Gewebe, Stoffe
- Gitternetz.

Zur Herstellung eines Notventilators benötigen Sie wahlweise:
- Auto- oder Gaststättenventilator
- Staubsauber
- Dunstabzugshaube aus Einbauküche

Dekontamination

Um die auf Kleidung und Körper haftenden Strahlenteilchen gründlich und vollständig zu entfernen, benötigt man Reinigungsmittel und geeignete Geräte. Als Reinigungsmaterial kommen in Betracht: Jede Seifenart, auch Schmier-, Kern-, Leim- und Spezialseifen, alle Shampoos oder Duschgels, Spül-, Feinwasch-, Koch- und Universalwaschmittel, Industriereinigungsmittel und Scheuermittel.

An folgende Geräte sollte gedacht werden:
- Wattestäbchen zum Dekontaminieren der Ohren/Nase
- Maniküre mit Feile und Nagelschere
- Stielbürsten
- Rauhe Kleiderbürsten
- Teppichklopfer
- Putzlappen, Stoffreste, Handtücher, Badetücher, saugfähige Haushaltspapiertücher

- Wassereimer, -wannen oder -bottiche
- Luftdicht abschließbarer Behälter für verstrahlte Kleidung, gebrauchte und nicht mehr verwendbare Tücher (am besten aus Plastik)
- Ständer oder Wandhaken zum Trocknen und Ablegen der Schutzkleidung
- Lattenrost zum Trocknen des Schuhwerks
- Abfluß für Wasser bzw. Behälter für verstrahlte Flüssigkeit.

Notgepäck

Ihr persönliches Notgepäck ist darauf ausgerichtet, daß Sie im Ernstfall rund zwei Wochen ohne irgendeine Hilfe von anderen Personen überleben können. Nehmen Sie die Zusammenstellung deshalb sorgsam vor. Denn es geht hier einzig um Ihre Überlebenschancen und vielleicht noch die Ihrer Kinder. Die Zusammenstellung muß deshalb, von einer »Grundausrüstung« abgesehen, nach Ihrem eigenen Bedarf erfolgen.
Achten Sie jedoch darauf, daß Sie wirklich nur das Notwendigste mitnehmen — denn im Fall der Flucht werden Sie froh sein, wenn das Gepäck nicht zu schwer ist! Außerdem ist es immer günstig, wenn Sie Ihre Hände frei haben — benutzen Sie deswegen einen Rucksack (vgl. Graphik S. 136)!

Grundausstattung:
- Zweckmäßige Kleidung; achten Sie darauf, daß sie strapazierfähig ist; sie muß so kombiniert werden können, daß Sie sich jeder Witterung anpassen können; denken Sie aber auch daran, daß bei einer radioaktiven Verseuchung die Bekleidung — auch bei heißem Wetter — immer geschlossen sein muß
- Garnitur Leibwäsche
- Schlafsack
- Kombigeschirr (Eßbesteck)

- Staub- und wasserdicht verpackte »Eiserne Ration« (vgl. S. 140)
- Arzneimittelpaket; denken Sie vor allem an Ihre persönlichen Medikamente sowie an Beruhigungsmittel und Jodtabletten
- Dokumententasche mit den wichtigsten Papieren, Verträgen und Wertsachen (vgl. S. 138 f.)
- ABC-Schutzausrüstung
- Feuerzeug, Zündhölzer, Taschenlampe, Ersatzbatterie und -lämpchen, Kerzen, Teelichter
- Dosenöffner und Taschenmesser
- Notizblock und Schreibzeug
- zwei Rollen Toilettenpapier
- Plastik-Abfalltüten
- Rundfunkgerät mit Batteriebetrieb

Packvorschlag für Notgepäck

1 = ABC-Schutzmaske
2 = Eiserne Ration
3 = Arzneimittel
4 =
- ABC-Handschuhe
- Notizbuch, Schreibzeug
- Katastrophenplan
- Taschenlampe
- Zündhölzer

5 = Toilettenbeutel
6 = Leibwäsche, Socken usw.
7 = Notkleidung
8 = Gummistiefel
9 = ABC-Schutzausrüstung
10 = Rundfunkgerät, Ersatzbatterien
11 = Kombigeschirr
12 = Sonstiges
13 = Schlafsack
14 = Dokumentenmappe soll erst vor dem Aufnehmen des Gepäcks verpackt werden

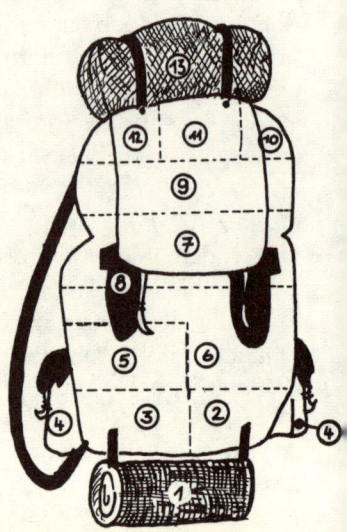

Not-Hausapotheke

In dieser außergewöhnlichen Situation stört jedes Gesundheitsproblem! Deswegen nehmen Sie nicht nur ihre üblichen Medikamente mit, sondern noch etwas mehr. Zum Beispiel alles das, was sich in einem Erste-Hilfe-Kasten für Autos befindet. Wichtig sind auch Schlaf- und Beruhigungsmittel, die Sie vielleicht sonst nie benutzen, schließlich Vitamin- und Jodtabletten.

Stellen Sie eine Liste auf. Auf ihr müssen Menge, Dosierung und vor allem das Verfallsdatum der Medikamente eingetragen werden. Überprüfen Sie deshalb regelmäßig die Verfallsdaten und ersetzen Sie die noch nicht aufgebrauchten alten Medikamente durch neue. Nur so können Sie sicher sein, daß die Medikamente helfen und nicht schaden.

Wichtig: Da Sie dann ganz alleine auf sich gestellt sein können, sollten Sie ein Buch über Erste Hilfe sowie über Krankheiten und deren Behandlung durch den Laien kaufen!

Zumindest das sollten Sie auf Ihre Liste setzen:

- Santitätskasten, wie Sie ihn schon im Auto haben; überprüfen Sie den Inhalt auf Vollständigkeit und auf die Verwendungsfähigkeit der Mittel
- Beruhigungs- und Schlafmittel (Baldrian, Valium — nur auf Rezept erhältlich —, Kamille-Extrakt, jedes bisher von Ihnen benutzte Schlaf- oder Beruhigungsmittel)
- Kopfschmerztabletten
- Medikamente gegen Erkältungserscheinungen (Cremes zum Einreiben wie Wick, Aspirin — wobei die flüssigkeitslöslichen Tabletten mit Vitamin C allen andern vorzuziehen sind —, Hustensaft,, Halsschmerztabletten)
- Magenschmerzmittel (nehmen Sie unbedingt ein Mittel mit, das die Magensäure abpuffert! Dabei sind halbflüssige Medikamente viel besser als Tabletten! An »Roll-Kur« denken)
- Durchfall-Mittel (besonders wichtig ist die Behandlung von

Durchfallerkrankungen. Nehmen Sie deshalb unbedingt Kohletabletten mit, aber auch Mittel gegen Durchfall! Günstig sind hier Beutel mit einer Elektrolyt-Mischung zur Herstellung von Mineraldrinks
- Kreislauf- und Herzmittel (Arzt fragen, da viele Mittel nur gegen Rezept erhältlich sind!)
- Wund- und Brandsalbe, Desinfektionsmittel
- Verbandschere
- Sterile Mullkompressen
- Elastische Binden
- Hansaplast und Leukoplast
- Babyöl und -puder (gegebenenfalls)
- Fieberthermometer.

Diese Medikamente sollten Sie nur auf Anweisung einnehmen:
Jodtabletten. Sie dürfen nur im Ernstfall — am besten kurz vor dem Eintreffen der Strahlung — eingenommen werden. Vorsicht: Nebenwirkungen bei Überdosis!
›Berliner Blau‹. Dies ist eisenhaltiges Ammoniumeisenhexacyanoferrat, das das radioaktive Cäsium binden kann. Die Einnahme dieser Tabletten bewirkt, daß über 90% der aufgenommenen Cäsiummenge nicht in die Organe gelangt und vorher ausgeschieden wird. Bislang wird dieses Präparat noch nicht für die Bevölkerung hergestellt; erkundigen Sie sich aber, ob diese Tabletten schon für den Markt freigegeben worden sind.
Multivitamintabletten. Bei einseitiger Ernährung können Sie die benötigten Vitamine ersetzen. Ob eine Überdosis schädlich ist, ist umstritten.

Dokumententasche
In einer wasserdichten und hitzebeständigen Mappe sollten Sie jederzeit die wichtigsten Dokumente im Original oder als beglaubigte Kopie bereitliegen haben. Sie brauchen sie sicherlich nach einer kurzfristig notwendig gewordenen Flucht oder im Fall einer Evakuierung.

Persönliche Papiere:
- Geburtsurkunde
- Ausweise
- Heirats-/Scheidungsurkunde
- Testament.

Beruflich bedeutsame Papiere:
- Anstellungs-, Dienstvertrag
- Schul—, Ausbildungs—, Arbeitszeugnisse
- Betriebliche Altersversorgung
- Mitgliedschaften in Gewerkschaften oder Berufsverbänden
- Gewerbeanmeldung
- Gesellschaftsvertrag
- Wichtige Firmendokumente.

Finanz- und Kapitalanlagen:
- Giro- und Sparkontounterlagen
- Bausparverträge
- Renten-, Pensions- und Einkommensbescheinigungen
- Wichtige Steuerunterlagen
- Versicherungsunterlagen (Kranken-, Lebens-, Unfall-, Haftpflicht-, Rechtsschutz- und andere Versicherungen).

Haus- und Wohnungsunterlagen:
- Urkunden (Grundbuchauszüge u. a.)
- Finanzierungsunterlagen
- Mietvertrag
- Zusatzversicherungen.

Kraftfahrzeug-Unterlagen:
- Kfz-Papiere (Kfz-Brief und -Schein)
- Versicherungsscheine
- Schutzbriefe.

Für Kinder sollte ein Brustbeutel oder eine »SOS-Kapsel« mit dem Namen, persönlichen Angaben und der Adresse der Eltern/ Verwandten vorbereitet werden. Die »SOS-Kapseln« sind bei Sanitätsorganisationen, in Kaufhäusern und über den Versandhandel zu erhalten. Sie kosten sechs bis zehn Mark.

Lebensmittel
In Ihren Rucksack legen Sie noch die sogenannte »Eiserne Ration«. Sie stellt das Minimum Ihrer Versorung für etwa zwei Tage dar:

---

100 g Dosenwurst
100 g Leberwurst
100 g Schokolade
100 g Hartkekse
2 x 50 g ungesalzene vakuumverpackte Nüsse
 20 g Getränkepulver

Lebensmittelvorrat

Wenn Sie sich Lebensmittelvorräte für den Ernstfall anlegen, achten Sie auf folgende Grundregeln, die für die Verpackung gelten:
Radioaktiver Niederschlag durchdringt nur poröse Stoffe. Papier- oder Kunststoffverpackung kann schon die ersten Strahlenteilchen abhalten. Besser jedoch ist luftdicht verschweißte oder mit einem gummiähnlichen Material überzogene Ware. Denn selbst bei Gläsern oder Flaschen mit einem Schraubverschluß wurde festgestellt, daß die Strahlenteilchen sich noch in den ersten Windungen des Verschlusses ablagern konnten.

Nur luftdicht verschweißte Packungen oder Vollkonserven kaufen. Auf eine glatte Oberfläche der Verpackung achten. Die Verpackung muß, bevor sie geöffnet wird, abgewaschen oder zumindest gründlich abgewischt werden. Sonst gelangen radioaktiv verstrahlte Staubteilchen, die sich in Rillen oder Falten der Verpackung

abgelagert haben, unweigerlich in die Nahrung und somit in Ihren Körper.

Achten Sie bei der Einlagerung der Lebensmittel auf folgende Punkte:
- Unbeschädigte, luftdicht verschlossene Packung
- Haltbarkeit
- Lagerfähigkeit bei warmer und schwankender Temperatur sowie hoher Luftfeuchtigkeit
- Keine oder wenige Konservierungsmittel
- Kalorienreichtum
- Hoher Nährwert und guter Geschmack
- Konzentrierte Kraftnahrung
- Keine zu großen Dosen, Packungen oder Gebinde, deren Inhalt nach dem Öffnen nicht voll verbraucht werden kann, denn die Aufbewahrung der Essensreste im feuchtwarmen Klima des Schutzraumes kann zu raschem Verderb und zu Lebensmittelvergiftungen führen.
- Alle Lebensmittel müssen auch kalt genießbar sein.

Achten Sie auf die Verfallsdaten der Konservennahrung. Stellen Sie eine Verbrauchsliste zusammen, die es Ihnen erleichtert, ältere Konserven rechtzeitig zu verbrauchen und den Vorrat gleichzeitig wieder aufzufüllen. So haben Sie die Sicherheit, daß die Reserven jederzeit verwertbar und ausreichend sind.
Trockenvorräte sind sehr lange haltbar. Sie sollten möglichst kühl, trocken und lichtgeschützt aufbewahrt werden.
Lange lagerfähig sind vor allem:
- Fleisch- und Wurstkonserven
- Dauerwurst
- geräucherter Speck
- Fischvollkonserven
- Haferflocken
- Hartkeks
- Zwieback

- Knäckebrot
- Schmalz
- Speiseöl
- Zucker
- Honig
- Marmelade
- Kondensmilch
- Milchpulver
- Gemüse- und Obstkonserven
- Trockenobst
- Tomatenmark
- Kaffee-Extraktpulver
- Tee
- Kakao
- Schokolade
- Fruchtbonbons
- Trinkwasser.

Vorschlag für den Krisenvorrat
(für einen Erwachsenen, rund 14 Tage)
Vollkonserven
2   kg Fleisch-, Fisch- und Wurstkonserven
4   kg Fertiggerichte und Suppenkonserven
2   kg Obst- und Gemüsekonserven
Milch und Fette
1   kg Kondensmilch
0,5   kg Milchpulver
0,25   kg Käse (in Dosen)
0,5   kg Speiseöl, Planzenfett, Schmalz
Trockenvorräte
2   kg Dauerbrot, Knäckebrot oder Zwieback, Hartkekse, Biskuits, Dosenbrot
0,5   kg Nährmittel, z.B. Haferflocken
0,5   kg Zucker

```
0,25  kg Salz, Gewürze
Eingemachtes
0,2   kg Marmelade
2     kg Obst und Gemüse
Flüssigkeit
42 Liter Wasser, Saft u. a.
Sonstiges
0,5   kg Gemahlener Kaffee oder Kaffee-Extraktpul-
      ver, Schwarzer Tee oder Kräutertee, Kakao
```

Vorsicht bei Magermilchpulver! Als Säuglingsnahrung ist Magermilchpulver nur ersatzweise geeignet. Die Entfettung der Milch führt nämlich zu hohem Verlust an Kalorien, wertvolle Fettsäuren und fettlöslichen Vitaminen (speziell Vitamine A, E und D). Der Gehalt an Milchzucker und Mineralien steigt gleichzeitig unnatürlich hoch an. Bei längerem Einnehmen von Magermilchpulvernahrung befürchten Kinderärzte einen hohen Anstieg der Vitaminmangelkrankheit Rachitis.
Auch können Darminfektionen entstehen. Denn Magermilchpulver wird nach dem Anbrechen der Packung meist nur noch offen gelagert. Dadurch aber stellt es, gerade wenn es warm ist, einen idealen Nährboden für gefährliche Krankheitserreger dar. Auch Schwangere sollten deshalb das Pulver nur ersatzweise oder als Nahrungsbeimischung verwenden.

Frisches Obst und Gemüse. Kurz vor einer Katastrophe geerntetes Obst und Gemüse wird meist noch genießbar sein. Sie sollten es jedoch sofort an einen geschützten Ort legen. Bei Blattgemüse die obersten Blätter abzupfen und vernichten! Werden Obst und Gemüse dann vor dem Verzehr noch gründlich gewaschen und geschält, sind sie eßbar. Längere Lagerung ist aus Gesundheitsgründen jedoch nicht ratsam.
Trinkwasser. Radioaktiv belastetes Trinkwasser zu entseuchen,

ist nur begrenzt möglich. Es muß durch Aktivkohle gefiltert werden, wozu man ganz einfache Tee- oder Kaffeefilter verwenden kann. Anschließend wird das gefilterte Wasser gekocht. Der dabei aufsteigende Dampf wird durch einen Deckel aufgefangen, der über den Topf hinausragt. Das an den Seiten heruntertropfende Wasser ist so gut wie möglich entseucht.

Notenergiehaushalt

Hierzu zählen alle energieverbrauchenden Tätigkeiten, bei denen Sie normalerweise »Strom aus der Steckdose« benutzen. Wichtig sind Kochen, Beleuchtung und im Winter die Heizung. Hausgemeinschaft oder Hausbesitzer können sich ein Notstromaggregat anschaffen. Dieselgeneratoren sind hierfür besonders geeignet. Sie arbeiten mit einer einzigen Tankfüllung 2–3 Stunden und kosten je nach Größe und Zusatzgeräten DM 1500 bis DM 6000.

Notheizung. Vom Stromnetz unabhängige Heizmöglichkeiten sind:
- Herkömmliche Öfen (Öl-, Kohle, Holz-, Gas- und Allesbrenneröfen; denken Sie daran, rechtzeitig ausreichend Brennstoff-Vorräte einzulagern
- Gasbetriebene Campingheizung
- Zeltheizung mit regulierbarer Heizleistung.

Leichte Heizgeräte wie beispielsweise eine Campingheizung kosten ab DM 70.

Behelfskochgelegenheit. Sie kann gleichzeitig auch Wärmequelle sein. In Frage kommen:
- Robuste Benzin-, Petroleum- oder Spirituskocher
- Kleine Einflammengaskocher (Campingkocher)
- Esbitkocher.

Kaufpreis: ab DM 14, Campingkocher ab DM 40.

Notbeleuchtung. Bei einem nächtlichen Stromausfall brauchen Sie eine Ersatz- oder Notbeleuchtung. Besorgen Sie sich:
- Taschenlampen mit je zwei Sätzen Reservebatterien und -lämpchen
- Dynamo-Taschenlampen
- 50 Kerzen mit langer Brenndauer (an genügend Streichhölzer oder Feuerzeuge denken)
- Gaslampen
- Petroleumlampen (an Docht und Petroleum denken).

Geeignete Gas- und Petroleumlampen sind schon für DM 50 zu erwerben.

Hygiene

In einer solchen Lage muß die Hygiene peinlich genau beachtet werden. Pro Person braucht man für einen Schutzraum-Aufenthalt von 14 Tagen:

1 Stück	Seife oder Duschgel
2 Stück	Zahnbürsten
1 Tube	Haarwaschmittel/Shampoo
1 Dose	Körpercreme
1	Kamm/Haarbürste
1	Rasiergerät
1 Packung	Tampons, Binden oder Einlagen
1 Packung	luftdicht verschlossene, parfümierte Erfrischungstücher

Denken Sie gegebenenfalls auch an die Pflege der Kinder und Babys. Windeln, Babyöl und -puder sowie die Mittel, die Sie gewöhnlich benutzen, sollten ausreichend vorrätig sein.
Für die Abfallbeseitigung benötigen Sie:

10 Paar	Einweg-Handschuhe
2 Rollen	Toilettenpapier

10 Stück	große Müllbeutel
1 Rolle	Haushaltspapier
1 Stück	Camping-Trockentoilette mit Ersatzbeutel, Torfmull, Sägemehl oder Chlorkalk
2	Plastikeimer, die mit Plastiktüten ausgelegt werden.

Sonstiges

Zusätzlich sollten Sie an folgende Gegenstände denken:
- Radio oder Fernseher, möglichst tragbar
- Uhr, Wecker
- Kalender
- Notizblock mit Stift
- Geigerzähler.

Gesundheit

Erste und letzte Hilfe

Pierre Curie, der mit seiner Frau Marie und Henri Becquerel 1903 für die Forschungserfolge um die geheimnisvolle »radioaktive« Strahlung den Nobelpreis erhielt, war sich nicht sicher, ob die Menschheit reif genug sei, sich der Geheimnisse der Natur zu bedienen. Heute stehen wir vor der Frage: Darf sich eine Menschengeneration das Recht anmaßen, die Bewohnbarkeit dieses Planeten und alles Leben in Frage zu stellen?! Denn um nichts Geringeres geht es bei der Nutzung der Atomkraft. Dieses Kapitel wird Sie davon überzeugen!
Als erstes muß festgestellt werden, daß es bei der Radioaktivität keinen »Schwellenwert« gibt, vor dessen Überschreitung die Einwirkung radioaktiver Strahlen unschädlich wäre. Selbst die geringe »natürliche Radioaktivität« schädigt die Zellen des Körpers. Man hört oft das Argument, der Mensch habe sich im Laufe seiner Entwicklungsgeschichte daran »gewöhnt«. Doch das ist nur insoweit richtig, als sich der Organismus darauf

---

Fünf Möglichkeiten
1. Die Strahlung beschädigt die Zelle nicht.
2. Die Strahlung tötet die Zelle.
3. Die Zelle wird funktionsunfähig, überlebt aber.
4. Die Zelle wird beschädigt, wird jedoch durch bestimmte Körperenzyme repariert.
5. Die beschädigte Zelle vervielfältigt sich in der neuentstandenen Struktur so lange, bis die Zellart als Krebsgeschwulst andere Organe in Funktion oder Erhalt bis zum Ausfall beeinträchtigt.

eingerichtet hat, ausfallende Zellen ständig zu reparieren oder zu ersetzen. Jede Strahlung aber enthält für den Körper das Risiko, die von ihr angerichteten Schäden nicht beheben zu können und zu erkranken. Je höher die Strahlendosis ist, desto eher findet ein Krankheitsgeschehen statt.

Dies zeigt sich in den meisten Fällen schließlich durch die Entwicklung »nicht reparierter« Zellen: das Krankheitsbild einer Krebsgeschwulst oder einer Leukämie.

Erst in den letzten zwanzig Jahren wurde von der Ärzteschaft in steigendem Maße nach der krankheitsverursachenden Wirkung von Strahlen geforscht. Daß Marie Curie an Leukämie starb und auch Wilhelm Röntgen, das war eher als ein Zufall angesehen worden, wenn man es überhaupt zur Kenntnis nahm. Ansonsten glaubte man mit den Röntgenstrahlen ein hervorragendes diagnostisches Hilfmittel entdeckt zu haben.

Die Britin Alice Steward wies aber in den Jahren 1958–1970 nach, daß Kinder von Frauen, die sich während bestimmter Schwangerschaftsmonate röntgen ließen, doppelt so häufig an Leukämie erkrankten wie unbestrahlte Gleichaltrige. Aus den USA kam die Nachricht, daß Kinder im Bundesstaat Utah, die dem Fallout amerikanischer Atombombenversuche ausgesetzt waren, 2,44mal häufiger an Leukämie erkrankten als Kinder in anderen Bundesstaaten. In den Jahren 1978–1980 schließlich klagten mehr als 600 ehemalige US-Soldaten gegen den Staat: Sie hatten in den Jahren um 1957 an Atombombentests teilgenommen, waren in deren nächster Nähe gewesen oder wurden sogar Richtung Nullpunkt in Marsch gesetzt. Unter den damals 3224 Teilnehmern betrug die Leukämierate etwa das Dreifache des statistischen Durchschnitts.

In einem offenen Brief warf der Münchner Mediziner Professor Dr. Herbert Begemann im März 1982 den Befürwortern der Kernenergie in diesem Zusammenhang vor, sie hätten die maximale Strahlenbelastung der Bevölkerung der Bundesrepublik durch Kernkraftwerke mit 1 mrem (Millirem) pro Jahr »mit Sicherheit viel zu niedrig« angegeben. Er berichtete von der bei den amerikanischen Soldaten damals gemessenen Strahlenbelastung, die zwischen 0 und 2,977 mrem schwankte und im Mittel 1,033 mrem betrug.

Professor Begemann klagte: »Wir befinden uns hier also in einem Strahlenbereich, den Sie als Größenordnung für die Strahlenbelastung der Bevölkerung durch sämtliche Kernenergieanlagen der Bundesrepublik angeben und als ›unschädlich‹ apostrophieren.«

Seit dem Unfall in Tschernobyl ist nun deutlich, daß die Befürchtungen des Mediziners von der Wirklichkeit noch übertroffen wurden. Zusätzlich zur bisherigen Strahlenbelastung aus natürlichen und künstlichen Quellen wurden die Bundesbürger durch etwa 100 mrem bis 1 rem belastet.

Leukämie oder andere Krebsarten, die durch solche Dosen radioaktiver Strahlung ausgelöst werden, brauchen erst nach fünfzehn bis zwanzig Jahren aufzutreten!

Wesentlich kurzfristigere Folgen hatte der Atomkraftwerks-Unfall von Harrisburg: Innerhalb eines halben Jahres erhöhte sich die Zahl der mit Schilddrüsenfunktionsstörungen Geborenen auf das Zwölffache der statistisch zu erwartenden Zahl. Dabei fiel auf, daß die Betroffenen aus Gebieten stammten, die unmittelbar vom radioaktiven Fallout betroffen waren. Auch stieg die Sterberate der Neugeborenen um das Doppelte.

Deutlich ist auch der Anstieg der Krebsarten in der amerikanischen Stadt Midland nach Einschaltung des dort gebauten Atomkraftwerks: In sieben Jahren gab es einen Anstieg der Krebserkrankungen um 180%, beim Lungenkrebs sogar um 600%!

Man rechnet damit, daß eine zusätzliche Strahlenbelastung von 1 mrem pro Jahr die Leukämie- und Krebsrate der Bevölkerung um 10% erhöht.

Von dieser fatalen Belastung können wir uns nicht befreien – im Gegenteil: Die gesundheitliche Gefährdung steigt immer weiter. Denn man will noch mehr Kernkraftwerke betreiben, und man will noch mehr Atomwaffenversuche unternehmen.

Dies führt nicht nur zu einer erhöhten unmittelbaren Strahlenbelastung, sondern auch zu einer erhöhten Belastung durch ›Inkorporation‹ auf dem Nahrungspfad. Und das ist viel gefährlicher. Denn wenn Sie von Strahlen »beschossen« werden, wie beispielsweise bei einem Röntgenapparat, so können Sie sich der Strahlung entziehen oder auch das Gerät ausschalten. Wenn Sie aber verseuchte Lebensmittel essen (inkorporieren), dann nehmen Sie die Strahlungsquelle in Ihren Körper auf!

Angenommen, Sie schlucken mit einem verseuchten Glas Milch einige strahlende Atome Strontium 90, so werden diese in Ihren Körper eingebaut und bestrahlen dann intensiv »aus nächster Nähe« Ihre Körperzellen – lebenslänglich!

Manche Experten glauben, daß mit einer hochgradigen Verdünnung das Problem aus der Welt zu schaffen sei. Bei der Wiederaufbereitungsanlage in Gorleben war ein 400 Meter hoher Schornstein geplant, um die radioaktiven Abgase möglichst weit zu verteilen. In Wackersdorf soll er immerhin noch 100–150 Meter hoch werden. Sicherlich werden dann die Werte im »Normalbetrieb« nicht so hoch wie nach dem GaU von Tschernobyl liegen, als von der Hessischen Lebensmittel-Überwachung in der Schilddrüse eines Rehs 17 Millionen Bq Jod 131 und 3,3 Millionen Bq Cäsium gemessen wurden.

Trotzdem braucht man sich von der Verdünnung nicht allzuviel zu versprechen. Diejenige Menge an Strontium 90 etwa, die notwendig ist, um allen Menschen der Erde ihre erlaubte Höchstdosis zu verabreichen, paßt in einen Eßlöffel!

Zu den gefährlichen Wirkungen selbst einer geringen radioaktiven Strahlung zählen nicht nur die Krebsgefahr oder die genetische Veränderung, sondern vor allem auch die Herabsetzung der Abwehrkräfte des Körpers gegen Krankheiten. Eine ganze Reihe wissenschaftlicher Arbeiten weist den schädlichen Einfluß der Strahlen auf die Abwehrmechanismen gegen Infektionskrankheiten hin, die durch Bakterien und Viren ausgelöst werden. Übrigens mehren sich Befürchtungen, daß nicht nur der Mensch, sondern auch andere »biologische Systeme« darunter leiden; so wird die These erhoben, daß auch das Waldsterben mit der Schwächung der Bäume durch radioaktive Strahlung zusammenhänge.

Ist schon der Normalbetrieb von Kernkraftwerken ein Risiko für die Gesundheit, so wäre ein GaU eine Katastrophe, die die meisten sich nicht vorzustellen wagen.

Ein überraschender GaU und eine für Sie ungüstige Windrichtung — und Sie befinden sich in Lebensgefahr. Können Sie sich nicht in einen Bunker retten, wäre die Flucht das Vernünftigste. In einer Stadt jedoch oder bei wenigen Ausfallstraßen kommt diese Möglichkeit wohl kaum in Betracht.

Wer von einer zu starken radioaktiven Strahlung erfaßt wird, stirbt. Da gibt es keine Chance mehr.

Aber dies geschieht nicht sofort. Es gibt eine qualvolle Zeit des Leidens, der Hoffnung und des Siechens. Das Schreckliche dabei ist, daß es bei einem GaU mit sehr vielen Verletzten für die meisten von ihnen keine Hilfe geben wird.

Es gibt sogar Szenarien, die ausmalen, wie verstrahlte Menschen mit Waffengewalt daran gehindert werden, unverstrahltes Gebiet zu erreichen: weil sie selbst »Strahlende« geworden sind!

Was können Sie tun? Niemals die Hoffnung aufgeben, weder für sich, noch für andere — denn Sie wissen niemals, wie hoch Sie verstrahlt wurden und ob Sie nicht doch eine Chance haben, die Strahlenkrankheit zu überstehen.

Akute Strahlenkrankheit

<u>Geringe Belastung</u>
In der Frühphase verspüren Sie die Symptome eines »Strahlenkaters«. Er wird spürbar rund vier bis zwölf Stunden, nachdem Sie einer Strahlung ausgesetzt waren. Diese muß auf etwa 25–50 Rem (0,25–0,5 Sv) geschätzt werden, höchst selten vertragen Betroffene 100 Rem (1 Sv) bei gleichen Krankheitszeichen.

Der Strahlenkater kann etwa drei bis vier Tage andauern.
Symptome. Zuerst werden Sie Kopfschmerzen, Nervosität und Reizbarkeit empfinden. Der Zustand steigert sich wie bei einer schweren Migräne zur Übelkeit mit Erbrechen und Durchfall. Appetitlosigkeit und Mattigkeit stellen sich ein.
Erklärung. Durch die Bestrahlung verändert sich das Blutbild. Es werden weniger weiße Blutkörperchen, weniger Lymphocyten und Blutblättchen gebildet. Die Darmschleimhäute erneuern sich nicht mehr rasch genug.
Behandlung. Jede weitere Strahlendosis ist zu meiden. Schonen Sie Ihre Kräfte. Bekämpfen Sie die Symptome, zum Beispiel den Durchfall mit dünnem schwarzen Tee oder Kamillentee. Schonkost!
Folgen. Sie erholen sich nach etwa zwei bis drei Wochen, wenn keine weitere Belastung durch Strahlen erfolgt. Dann heilen die aktuellen Schäden ab, wobei eine erhöhte Krebsbereitschaft für Ihr restliches Leben bleibt!

Höhere Belastung
Die geschilderten Symptome können auch der Beginn einer schweren Strahlenkrankheit sein. Bei ihr verlaufen die Anfangszeichen wie bei einem Strahlenkater. Dann tritt sogar eine Phase der Erholung ein. Die Betroffenen befinden sich in einer guten Verfassung. Je nach erhaltener Dosis dauert diese Zeit, in der die Strahlenkrankheit sich weiter entwickelt, etwa zwei bis drei Wochen. Jede Anstrengung kann die Krankheit, die dann wieder ausbricht, verschlimmern. Deswegen muß der Patient vollkommene Ruhe bewahren. Jede Bewegung würde Abwehrkräfte verbrauchen, auf die der Verstrahlte angewiesen ist.
Der weitere Verlauf hängt davon ab, ob man von einer hohen Dosis von etwa 100−400 Rem (1−4 Sv) (Ganzkörperdosis) getroffen wurde oder ob die Dosis doch darunter lag.
Symptome. Das Krankheitsbild ist je nach dem Schweregrad verschieden. Es kann sich sofort oder erst nach einer »Latenzphase« von einigen Wochen ausbilden. Zu den Krankheitsan-

zeichen des Strahlenkaters gesellen sich Fieber, blutig-schleimige Durchfälle, Blutungen in und unter der Haut; die Schleimhäute, auch im Mund- und Rachenbereich, werden rissig. Infektionen können den entkräfteten Körper befallen.

Erklärung. Alle Organe mit rascher Zellteilungsrate sind geschädigt. Das sind die Schleimhäute der Luftwege, im Magen- und Darmtrakt sowie die Keimdrüsen. Diejenigen Zellen des Knochenmarks, die neue Zellen produzieren sollen, sind zerstört. Deswegen gibt es keinen »Nachschub«, so daß sich Infekte und Fieber einstellen. Die Blutgerinnung ist gestört, da sich keine Blutplättchen mehr bilden. Daraus erklärt sich auch die Neigung zu spontanen Blutungen. Es gibt auch keine Neubildung von Darmzellen. Dadurch ist die Funktion des Darms nachhaltig gestört, so daß der Elektrolythaushalt des Körpers entgleist. Es kann sogar die Darmwand reißen.

Behandlung. Wie in der Frühphase. Verletzungen müssen vermieden werden, desgleichen Druck auf den Körper (Blutungsneigung); der Kontakt zum Kranken und seinen Ausscheidungen ist zu meiden, da alles radioaktiv verseucht ist! Große Vorsicht: Atemschutz, Schutz bei Kontakt!

Folgen. Etwa 5 bis 10% der Kranken werden sterben. Die anderen erholen sich nach Wochen, wobei sie lebenslänglich an den Spätschäden leiden werden. Die am stärksten geschädigten Organe haben eine verminderte Leistung; es besteht erhöhtes Krebsrisiko und eine verminderte Lebenserwartung.

Hohe Belastung

Eine hohe Belastung wird hervorgerufen durch eine Ganzkörperdosis von 400–600 Rem (4–6 Sv).

Symptome. Die bereits beschriebenen Symptome verschärfen sich. Durch die Geschwüre im Mund- und Rachenbereich wird die Nahrungsaufnahme sehr erschwert. Es gibt spontane innere Blutungen. Der Patient liegt apathisch da, seine Haare fallen aus.

Erklärung. Wie oben angegeben. Daß die Haare ausfallen,

hängt damit zusammen, daß die durch die Strahlung zerstörten Haarzellen sich nicht mehr neu bilden.
Behandlung. Der Flüssigkeitshaushalt des Körpers muß sorgsam aufrecht erhalten werden. Schmerzstillende Mittel sollten verabreicht werden, stets mittels Ampullen (Tabletten sind wegen der gestörten Magen- und Darmresorption nicht einsetzbar); Antibiotika, um die Infektionen zu beherrschen; Kreislaufmittel. Das Pflegepersonal muß sich gegen die Körperstrahlung schützen.
Folgen. Es wird schwierig, diese Belastung zu überleben. Bei einer Ganzkörperdosis bis zu 300 rem (3 Sv) wird es bis zu 20% Todesfälle geben; die andern erholen sich erst innerhalb mehrerer Monate. Bis 400 rem (4 Sv) gibt es etwa 50% Tote. Die Überlebenden benötigen mindestens fünf Monate zur Erholung, bleiben dann aber in schlechter Verfassung und haben mit Sicherheit Folgeschäden erlitten: Sterilität, Krebs, Leukämie.

<u>Tödliche Bestrahlungsdosis</u>
Wer eine Ganzkörperdosis von über 600 rem (6 Sv) erleidet, stirbt. Starke Blutungen in kürzester Zeit, besonders im Magen-Darm-Bereich, führen zum Kreislauf-Zusammenbruch. In Einzelfällen soll es vorgekommen sein, daß Erkrankte überlebten . . . doch in Katastrophenfällen sind ärztliche Bemühungen, auch die höher verstrahlten Patienten noch zu retten, nicht denkbar.

<u>Übersicht: Strahlenschäden</u>	
Ganzkörperdosis	Schäden
Niedrigstrahlung 25 – 50 rem (0,25 – 0,5 Sv)	Embryonalschäden, Langzeitschäden wie Leukämie und andere Krebsarten »Strahlenkater«

50–100 rem (0,5–1 Sv)	Schwerer »Strahlenkater«
100–200 rem (1–2 Sv)	Strahlenkrankheit
200–400 rem (2–4 Sv)	schwere Strahlenkrankheit, Todesfälle möglich
400 rem (4Sv)	50% Todesfälle
600 rem (6 Sv)	100% Tote
Teilkörperdosis	
bis 500 rem (5 Sv)	keine Schäden auf der Haut des Körpers; an der Binde- und Hornhaut der Augen ergeben sich Entzündungen und Linsentrübung
bis 800 rem (8 Sv)	nach 2–4 Tagen: Kribbeln, Jucken, Brennen; dann gibt es tage- bis wochenlang Ruhe, bis sich die Haut entzündet und die betroffenen Stellen schließlich abschuppen
bis 1000 rem (10 Sv)	nach wenigen Stunden werfen sich Hautblasen wie bei starken Verbrennungen auf; hinterher Vernarbung und bleibende Verfärbung der Haut
über 1000 rem (100 Sv)	je nach Dosis schnelle Anschwellung und starke Rötung der Haut, anschließend schmerzhafte Geschwüre; der Heilvorgang dauert Monate

<u>Strahlen-Spätschäden</u>
Schon bei geringer radioaktiver Strahlung treten Spätschäden auf, die erst nach Jahren oder Jahrzehnten sichtbar werden. In Japan stiegen die Krebsraten nach Hiroshima erheblich an:

Krebsart	Zunahme
Knochenkrebs	250%
Prostatakrebs	900%
Bauchspeicheldrüsenkrebs	1200%
alle anderen	60%

Weitere Spätschäden sind Linsentrübung am Auge, vorzeitiger Alterungsprozeß, Vererbung von Genschäden, Sterilität, verminderte Lebenserwartung.

Erste Hilfe – Letzte Hilfe?
Die Auflistung der möglichen Strahlenschäden zeigt: Wenn Sie vorbeugen wollen und beispielsweise für eine Familie mit mehreren Mitgliedern Medikamente, Verbands- und Entsorgungsmaterial einkaufen müssen, so stehen Sie vor einem fast nicht lösbaren Problem. Erstens kostet dieses medizinische Material eine Menge Geld, zweitens haben Sie vermutlich keine Ausbildung, im Ernstfall alles fachgerecht einzusetzen. Ganz zu schweigen von dem Problem, krankenscheinpflichtige Medikamente wie starke Schmerzmittel, Antibiotika und so weiter in größeren Mengen zu erhalten.

Manche Fachleute gehen davon aus, daß ein GaU in unserem Lande, der einige Großstädte mit starker radioaktiver Strahlung erfaßt, 20 000 oder noch mehr Tote verursachen kann. Die Zahl der Schwer- und Leichtverletzten soll hier gar nicht geschätzt werden. In Hamburg beispielsweise gaben nach Tschernobyl die für einen solchen Notfall Zuständigen zu, daß es eine Unmöglichkeit wäre, Hamburg innerhalb kürzester Zeit zu evakuieren. Bundeswehr und Bundesgrenzschutz müßten eingesetzt werden, um radioaktiv verstrahlte Bevölkerungsgruppen daran zu hindern, ihren Stadtteil zu verlassen.

Viele Menschen, die von einem GaU in Mitleidenschaft gezogen werden, haben nur dann gute Chancen, ihre Gesundheit bestmöglich zu schützen, wenn sie sich richtig verhalten und mit richtig ausgeübter Erster Hilfe bei sich und anderen Schäden durch radioaktive Strahlen mindern.

Die Nahrungskette: eine wachsende Gefährdung

Nach Tschernobyl gab es monatelang Diskussionen, was man noch alles essen könnte. Die Aussagen der Fachleute schwankten von »jetzt unbedenklich« bis zur Empfehlung, einen »Becquerel-Speiseplan« aufzustellen.
Da die Strahlenbelastung im höchsten Maß unterschiedlich ausfiel, ist die Ausgabe von regionalen Belastungstabellen — die auch noch in nächster Zeit Gültigkeit besitzen sollen — nicht seriös.
Selbst die von den Behörden für Lebensmittel herausgegebenen Becquerel-Grenzwerte unterschieden sich von Bundesland zu Bundesland: Bayern duldete als Grenzwert je Liter Milch 500 bq, Hessen 20 bq, Hamburg 50 bq — und die EG schließlich »einigte« sich auf 600 bq je Liter.
Wer gesundheitsbewußt war, verzichtete auf seine Milch. Die Mütter kauften Milchpulver, um ihrem Nachwuchs die radioaktive Belastung zu ersparen. Doch als ein mißtrauischer Bürger darauf bestand, daß das von ihm erworbene Milchpulver überprüft werde, ermittelte man 3.320 bq je Kilogramm. Zwei behördliche Stichproben ergaben immer noch 2000 und 1520 bq/kg . . . Außerdem warnten die Kinderärzte vor ausschließlicher Benutzung. Wer »Sojamilch« anpries, mußte sich von Ärzten sagen lassen, daß übermäßiger Genuß die Krebsgefahr der Bauchspeicheldrüse erhöhe.
Auch wer Dosenmilch hortete, konnte nicht sicher sein: Die Kondensmilch konzentrierte die Becquerel geradezu. Und die Molke in den Molkereien wurde als »Sondermüll« verfrachtet.
Gibt es also keinen Ausweg?

Lebensmittel und ihre radioaktive Belastung

Blattgemüse und Salat: Auf den Blättern setzen sich strahlende Schwebeteilchen, beispielsweise Jod 131 oder Cäsium 137, ab. Sie können auch durch gründliches Waschen höchstens zur Hälfte entfernt werden. Bei glatten Oberflächen von Pflanzen wie bei Spinat oder Kopfsalat ist das eher zu erreichen als bei rauhen oder gerippten (Mangold, Endivien, Feldsalat). Bei Salat empfiehlt es sich stets, die äußeren Blätter wegzuwerfen.

Gemüse, die im Boden wachsen (z. B. Spargel, Kartoffeln, Karotten, Radieschen, Sellerie): Sie können kaum mit radioaktiven Stoffen aus der Luft belastet sein. Zusätzliches Waschen vermindert daher die Strahlenbelastung nicht. Blätter und Grünzeug sollten jedoch entfernt werden. Denn wie bei allen Gemüsen enthalten auch bei den in der Erde wachsenden Pflanzen die Knollen und Früchte weniger Radionuklide als ihre Stiele und Blätter.

Gemüse, die geschält werden (z. B. Gurken, Kohlrabi): Diese können nur dann durch radioaktive Stoffe belastet sein, die sie aus dem Boden aufgenommen haben, wenn etwa vorhandene Blätter entfernt wurden. Andernfalls sind sie einigermaßen bedenkenlos zu verspeisen, da die langfristige Anreicherung radioaktiver Stoffe aus der Umwelt in der Nahrung durch keine Ernährungsweise zu verhindern ist.

Hülsenfrüchte (Bohnen, Erbsen etc.): Da ihre stärker belasteten Blätter ohnehin nicht gegessen werden, sondern nur Samen und Samenhüllen, nimmt man mit ihnen in der Regel nur wenige radioaktive Teilchen zu sich.

Kohl (z. B. Grünkohl, Rotkohl, Weißkohl): Speichert nur wenig. Seine äußere Schicht sollte am besten entfernt werden.

Obst: Sollte auf jeden Fall gewaschen werden, besonders dann, wenn der radioaktive Niederschlag kurz vor der Reife kam. Auf dem Boden wachsende Früchte (z. B. Erdbeeren) kommen direkt mit der verseuchten Erde in Berührung. Heidel- und Preiselbeeren reichern wie alle Waldbeeren, die auf sauren Böden flach wurzeln, das radioaktive Cäsium an. Rhabarber ist häufig sehr hoch belastet, vor allem wenn strahlender Niederschlag auf die fast reifen Stengel fiel. Weintrauben hingegen enthalten nur wenige strahlende Stoffe, weil der Weinstock sie zum großen Teil in Holz und Stiele einbaut.

Pilze: Sammeln in hohem Maß radioaktive Teilchen in sich. Von ihrem Genuß muß daher abgeraten werden. Ausnahme: auf unverseuchten Böden im Treibhaus gewachsene Zuchtpilze, die mit nicht belastetem Wasser gegossen wurden.

Gewürzkräuter (z. B. Schnittlauch und Petersilie): Sie sind zwar meist überdurchschnittlich belastet, werden aber in so geringen Mengen aufgenommen, daß die Belastung durch sie nicht ins Gewicht fällt.

Fleisch von Mastvieh: Die Belastung hängt entscheidend von der Verstrahlung des Futters ab. Das blasse Fleisch aus der Massentierhaltung hat den Vorteil, daß es im Durchschnitt deutlich weniger strahlt als das unter freiem Himmel lebender Tiere. Da die genaue Strahlenbelastung für den Verbraucher normalerweise nicht nachprüfbar ist, sollte man bevorzugt Fleisch kaufen, zu dem verbindliche Meßwerte angegeben werden.

Wildfleisch: Ist nach radioaktivem Niederschlag für lange Zeit grundsätzlich zu meiden, da Wild am schnellsten, unmittelbarsten und unkontrollierbarsten mit dem verseuchten Boden und verseuchten Futterpflanzen in Berührung kommt.

Schaffleisch: Schafe leben wie das Wild unter freiem Himmel und leben oft von stark belastetem niedrigem Gras. Zudem speichern Schafe radioaktives Cäsium offenbar in besonderem Maß. Vor allem wenn die Tiere einige Wochen nach einem radioaktiven Niederschlag geschlachtet wurden, kann von ihrem Genuß nur abgeraten werden.

Innereien: Sind wegen ihres überdurchschnittlichen Stoffdurchganges in jedem Fall besonders stark von radioaktiven Strahlern durchsetzt. Neben den Schwermetallen ist das ein weiterer Grund, auf den Genuß von Leber, Niere und auch Lunge zu verzichten.

Fisch: Flache Seen sind im Durchschnitt stärker belastet, als die Ozeane, weil sich radioaktiver Niederschlag in den Meeren auf eine größere Wassertiefe verteilt. Dementsprechend reichern Meeresfische die strahlenden Stoffe nicht ganz so stark an wie Süßwasserfische in seichten Seen. Grundsätzlich sind Raubfische — wie Hecht oder Thunfisch — am stärksten belastet, weil große Fische kleine Fische fressen, die selbst schon strahlende Stoffe angereichert haben.

Milch: Nur die Milch von Tieren, die unbelastetes Futter gefressen haben, ist nach einer Strahlenkatastrophe noch genießbar. Für Kühe mag das noch gelten, wenn sie mit Heu gefüttert werden. Ziegen und Schafe dagegen leben unter freiem Himmel, ihre Milch ist entsprechend höher belastet. Für Kleinkinder und stillende Mütter ist verseuchte Milch besonders gefährlich. Schon kurze Zeit nach einer Strahlenkatastrophe können auch H-Milch, Dosenmilch und Milchpulver nicht mehr genießbar sein.

Honig: Sobald die erste Ernte nach einem Strahlenunfall im Handel ist, ist Vorsicht geboten. Vorbeugemaßnahmen sind für Imker kaum möglich, denn die Bienen sammeln mit dem Blütenstaub laufend auch radioaktiven Staub ein, der sich auf den Blüten abgesetzt hat.

Eier: Bei Hühnereiern kommt man nach radioaktivem Niederschlag in einen kaum lösbaren Zwiespalt. Sind Eier von Hühnern aus Freilandhaltung sonst wesentlich gesünder als die aus Legebatterien, so ist es bei der radioaktiven Belastung umgekehrt. Batteriehühner nämlich erhalten kaum natürliches Futter, werden also dementsprechend wenig belastet, im Freien lebende Hühner picken dagegen ihr Futter fast ausnahmslos von verseuchtem Boden auf.

Die Kernenergie

Von den Risiken einer vermeintlich »sauberen« Technik

Bereits 1899 versuchte man die Energie radioaktiver Strahlen, die man als Röntgenstrahlen in der Medizin bereits kannte, zu erforschen. Fast vierzig Jahre später, 1938, konnten dann Atomkerne künstlich gespalten werden. Am 2. Dezember 1942 wurde der erste Kernreaktor der Welt in Chicago/USA in Betrieb genommen. Das Augenmerk lag in dieser Zeit noch vorrangig auf der militärischen Nutzung der Kernenergie. Erst nach dem Zweiten Weltkrieg gingen die ersten Kernkraftwerke zur friedlichen Nutzung, zur Stromversorgung der Bevölkerung, in Betrieb. Heute sind weltweit 374 Reaktoren in Betrieb.

Das Prinzip der Kernspaltung

<u>Der Atomkern</u>
Ein Atom ist die kleinste Einheit eines chemischen Elements, das noch alle wesentlichen chemischen Eigenschaften dieses Stoffes aufweist. Es besteht aus zwei Teilen: dem relativ schweren Atomkern und der Atomhülle.
Der Atomkern (lat.: nucleus) besteht aus den sogenannten Nukleonen. Dies sind die Protonen und die Neutronen. Neutronen sind elektrisch neutral. Protonen hingegen sind positiv geladen, und halten dadurch die negativ geladenen Elektronen stets auf ihrer Bahn um den Atomkern – wie ein Magnet, dessen Pluspol stets magnetische Minuspole anzieht. Dabei ist im Normalzustand die Anzahl der Protonen und Elektronen bei einem Atom gleich. Das bedeutet, daß ein Atom als Ganzes immer elektrisch neutral ist.

Der Spaltvorgang

Chemische Elemente kommen häufig in verschiedenen Formen vor, bei denen zwar die Zahl der Protonen gleich, die Zahl der Neutronen jedoch unterschiedlich ist. Man nennt diese verschiedenen Formen ein und desselben Elements »Isotope«. Für die Kernspaltung sind besonders solche Isotope geeignet, die »instabil« sind, im Atom mehr Neutronen als Protonen besitzen.

Bei der Kernspaltung werden diese Stoffe mit thermischen Neutronen beschossen. Sie zerfallen in zwei Bruchstücke. Dabei werden Neutronen freigesetzt, die wieder mit hoher Geschwindigkeit auf andere Atome prallen und diese spalten. Das ist die nukleare Kettenreaktion.

Aufgrund ihrer hohen Eigengeschwindigkeit werden die freigesetzten Neutronen als »schnelle Neutronen« bezeichnet. Im Kernspaltungsprozeß müssen sie abgebremst (im Fachausdruck: »moderiert«) werden, um den Spaltvorgang kontrollieren zu können.

Die Bindungsenergie wird bei der Trennung der Kernteilchen schlagartig gelöst. Dabei wird sie in Form von Wärme freigesetzt. Wenn man die große Zahl der fast gleichzeitig gespaltenen Kerne bedenkt, kann man sich gut vorstellen, daß sehr hohe Temperaturen entstehen. Von diesen wird in Kernreaktoren Wasser zu Wasserdampf erhitzt, mit dem dann elektrische Energie erzeugt wird.

Problematisch ist das Stoppen des Spaltvorganges. Denn auch nach dem Abschalten der Neutronenzufuhr setzt sich die Kettenreaktion innerhalb des Brennstoffes weiter fort. Es entwickelt sich die sogenannte »Nachwärme«. Erst wenn auch diese Energie abgegeben ist, ist der Spaltvorgang abgeschlossen.

Die Spaltprodukte

Bei der Spaltung schwerer Atomkerne entstehen neue Elemente. Die abgespaltenen Teilchen werden durch die freigesetzte Energie durch den Raum gewirbelt und stoßen mit

Spaltvorgang

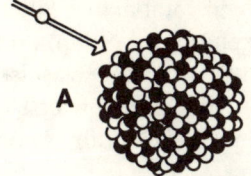

A. Ein langsam fliegendes Neutron trifft auf einen Kern von Uran-235.

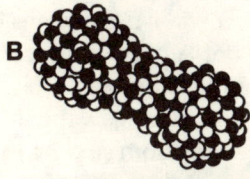

B. Der Kernaufbau ist gestört. Seine Teilchen verschieben sich gegeneinander, die Spaltung wird eingeleitet.

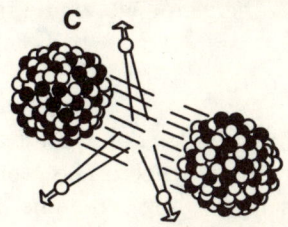

C. Der Spaltungsvorgang ist eingetreten. Zwei annähernd gleich große Kernbruchstücke fliegen mit großer Energie auseinander. Gleichzeitig werden 2 bis 3 Neutronen mit einer hohen Geschwindigkeit fortgeschleudert.

anderen Teilchen zusammen. So entstehen rund 1200 verschiedene radioaktive Isotope. Das sind beispielsweise Krypton, Barium, Strontium und Brom, meist für den Menschen sehr gefährliche Stoffe.
Sie gelangen zu einem geringen Teil in das Kühlmittel und belasten über das Abwasser oder die Abluft die Umgebung des Kernkraftwerks. Im Reaktorkern bleiben radioaktive Spaltprodukte zurück. Für sie muß ein Platz gefunden werden, an dem sie bleiben sollen, bis sie nicht mehr strahlen. Das ist bei manchen Isotopen nach Jahrzehnten, bei anderen erst nach Jahrmillionen der Fall. Ihre Lagerung wird häufig mit dem Begriff »Endlagerung« umschrieben.

Spaltungsenergie
Die Spaltungsenergie wird beim Zerfall des Brennstoffs frei. Dabei wird die Bindungsenergie des Atoms, die Protonen und Neutronen zusammenhält, in Wärme verwandelt. Ein Teil dieser Wärme kann in elektrische Energie umgewandelt werden. Zur Erzeugung nur einer Wattsekunde Strom sind 31 Milliarden Urankernspaltungen notwendig. Ein Reaktor mit einer Leistung von 3500 Megawatt spaltet somit im Vollbetrieb täglich 3,7 Kilogramm Uran 235. Für dieselbe Energiemenge würde man 7437 Tonnen Kohle benötigen.

Die Fusion
Bei der Kernfusion — der »Umkehrung« der Kernspaltung — werden leichte Kerne miteinander verschmolzen. Die Masse, die die beiden Atomkerne bei diesem Vorgang verlieren, wird als Energie freigesetzt. Energieträger sind hier die schweren Wasserstoff-Isotope Deuterium und Tritium.
Um die Kerne der beiden Stoffe verschmelzen zu können, benötigt man extrem hohe Temperaturen. Das dabei entstehende Gas, in dem sich die Kerne dann verschmelzen, ist das sogenannte Plasma. Es wird durch diesen Vorgang auf bis zu 170 Millionen Kelvin erhitzt.

Bei diesen Temperaturen würde jedoch jeder Behälter schmelzen. Deshalb muß der Einschluß des Plasmas in den Raum, in dem die Kernfusion stattfinden soll, berührungslos erfolgen. Man verwendet hierfür heißes Gas. Da dieses Gas sehr gut leitet, kann man die Stoffe durch starke elektromagnetische Felder von außen steuern. Die »Einschlußzeit«, die Zeit, die zur Kernverschmelzung benötigt wird, sollte jedoch so klein wie möglich gehalten werden. 20 bis 100 Sekunden Brennzeit reichen aus. Nur so können Verunreinigungen und Verstrahlungen des Materials vermieden werden.
Die Technik der Kernfusion wird bisher ausschließlich in der Forschung angewandt. Die Energieausbeute kann theoretisch jedoch siebenmal so hoch wie die eines Kernkraftwerkes sein.

Der Brennstoffkreislauf

Uranvorkommen und -gewinnung
Uran ist ein radioaktives Schwermetall. Die in der Natur vorkommenden Uran-Isotope 235 und 238 sind jedoch nicht »rein« zu finden. Uranerze enthalten etwa 0,7% des Uran 235, das für die Kernspaltung wichtig ist, und 99,3% des Uran 238. Uran entstand, als sich flüssiges Granit in Gesteinshöhlen ablagerte; das reine Erz ist mit dem Gestein eng verbunden. Baut man Uranerz ab, entfällt auf rund zehn Kilogramm Abraum nur etwa ein Kilogramm Uranerz. Große Vorkommen sind auf der Welt rar. Sie befinden sich hauptsächlich in den USA, der UdSSR, in Schweden, Südafrika und Kanada. Auch in Deutschland sind, beispielsweise im Schwarzwald, vergleichsweise kleine, aber abbaufähige Vorkommen vorhanden.
Beim Abbau wird das Uranerz in kleine Stücke gebrochen. Diese Brocken werden in Spezialmühlen fein gemahlen. Hier ist das »reine« Uran immer noch mit dem Gestein vermischt. Um beides voneinander trennen zu können, werden diese Klümpchen in einer sauren Flüssigkeit, etwa in Schwefelsäure,

oder in einer Lauge »gebadet«. Nach einiger Zeit wird diese Lösung gefiltert und die gefilterte Lösung chemisch weiter getrennt. Jetzt hat man bereits Roh-Uran, das sogenannte Uranoxid, gewonnen. Es ist wegen seiner gelblichen Farbe auch als »yellow cake« (engl. gelber Kuchen) bekannt. In dieser Form wird das Uran weltweit gehandelt.

Konversion und Anreicherung
In einem speziellen Verfahren wird dieses Rohmaterial dann gasförmig gemacht. Es »konvertiert«, d. h. es wird von der ursprünglich festen Gestalt in ein Gas umgewandelt. In dieser Phase findet auch die »Anreicherung« statt. Anreicherung bedeutet, daß man den Anteil des Urans 235 in dem Gas erhöht. Im natürlichen Zustand hat Uran einen U 235-Anteil von 0,72%. Für eine wirtschaftliche Nutzung, speziell bei Leichtwasserreaktoren, muß der Brennstoff jedoch zu einem Anteil von bis zu 3,5% enthalten sein. Dies kann mit verschiedenen Methoden erreicht werden.
Bei der Gasdiffusionsmethode wird das Gasgemisch mit hohem Druck durch ein poröses Rohr in einen Behälter geblasen. In diesem Behälter herrscht Unterdruck. Das bedeutet, daß die Teilchen sofort versuchen werden, sich in den luftarmen Raum auszubreiten. Jedoch passen nur die kleineren Teilchen durch die winzigen Löcher des Rohres. Die größeren Urangasmoleküle bleiben in dem Rohr und werden, nun in gedrängter, »angereicherter« Form, weiterverarbeitet. Ein Nachteil dieser Methode ist der hohe Energieaufwand, mit dem das Gas durch die porösen Wände gedrückt werden muß. Um den gewünschten Prozentsatz zu erreichen, muß man diesen Vorgang öfter wiederholen.
Heute wird für die Urananreicherung das sogenannte Zentrifugenverfahren am häufigsten angewandt. Das Gas wird in einen Behälter geblasen, der sich immer schneller um die eigene Achse dreht. Dabei werden die schwereren und größeren Gasteilchen zuerst an die Außenwand des Behälters geschleu-

dert. Die in Achsennähe bleibenden leichteren Teilchen werden zusätzlich durch Wärme zum Behälterdeckel gehoben, wo sie dann ungehindert abgesaugt werden. Dieses Verfahren ist technisch kompliziert und teuer. Es benötigt jedoch nur halb soviel Strom und weniger Durchgänge als das Gasdiffusionsverfahren.
Die dritte Methode ist das Trenndüsenverfahren. Es ist technisch einfach und relativ billig. Hier wird dem Gas Wasserstoff beigemischt. Dies erhöht die Trennungswahrscheinlichkeit der Gasteilchen, da sie nun in diesem Gemisch weiter voneinander entfernt sind. Das Gas wird mit Schallgeschwindigkeit durch eine stark gekrümmte schlitzförmige Düse geleitet. Am Ende trifft es auf eine »Umlenkwand«, eine Mulde am Ausgang der Düse. Dort werden die Teilchen durch den Aufprall je nach Schwere in unterschiedliche Leitungen zurückgeschleudert. Bei diesem Verfahren ist durch den hohen Druck für die notwendige Geschwindigkeit der Energiebedarf ebenfalls sehr hoch.
Das »abgereicherte« Uran, das Gas mit den leichten Molekülen, wird nicht weiterverarbeitet. Es wird gereinigt und dann endgelagert.

Herstellung und Abbrand der Brennelemente
Das angereicherte gasförmige Uran wird wieder in feste Form umgewandelt (Fachausdruck: rekonvertiert). Es ist nun ein grün-schwärzliches Pulver. Dieses wird zu Tabletten gepreßt, die ein bis zwei Zentimeter hoch sind und einen Durchmesser von einem Zentimeter haben. Bei einer Temperatur von über 1600 Grad Celsius werden sie in die gewünschte Festigkeit und Dichte gebracht. Da die Form stets genau gleich sein muß, werden sie anschließend noch rundgeschliffen, so daß sie genau in die Brennhülsen passen. In dieser Form nennt man sie »Pellets«.
Nun füllt man die etwa vier Meter langen nahtlosen Hüllrohre, die aus Zirkon oder Nickel hergestellt sind, mit den Pellets.

Wenn nur noch etwa 40 Zentimeter frei sind, wird die Röhre gasdicht verschweißt. Nun ist ein Brennstab fertig. Mehrere Brennstäbe werden zu den sogenannten »Brennelementen« gebündelt. Um beispielsweise einen Reaktor wie in Biblis zu versorgen, sind 236 Brennstäbe notwendig.
Die Brennstabhüllen müssen zwei wichtige Eigenschaften haben: Sie müssen sehr hohen Temperaturen standhalten, und sie müssen radioaktive Spaltprodukte, die in ihrem Inneren entstehen, zurückhalten können.

Die Wiederaufbereitung (auch: Wiederaufarbeitung)
In einem Reaktorkern sind etwa 100 Tonnen Uran enthalten. 35 Tonnen davon werden jährlich ausgewechselt. Nicht nur deshalb, weil die spaltbaren Stoffe verbraucht sind, sondern auch aus Gründen der Sicherheit: Durch die zunehmende Aufspaltung der Urankerne entstehen immer mehr freie Neutronen; diese können den Kernspaltungsprozeß behindern.
Die Brennstäbe werden vollautomatisch ausgewechselt. Danach kommen sie für etwa 150 Tage in ein Wasserbecken, das sogenannte »Abklingbecken«. Hier zerfallen die kurzlebigen Spaltprodukte, wie beispielsweise das Jod 131. Zudem ist die Kühlung der Brennelemente Voraussetzung für deren sicheren Transport zu den Wiederaufbereitungsstätten. Die Aktivität der Elemente verringert sich in dem Wasserbecken auf etwa ein Hundertstel der vorherigen Strahlenentwicklung.
Nach den 150 Tagen werden sie mit Krananlagen aus dem Abklingbecken gehoben und in Transportbehälter gesteckt. Diese sind meist runde Stahlbehälter, mit 30 Zentimeter dicken Wänden und rund drei Metern Durchmesser. Sie besitzen ein eigenes Kühlsystem, um die Nachwärme der Stoffe kontrollieren zu können. Nun werden die Brennelemente per Bahn, Schiff, LKW oder sogar in Flugzeugen zur Wiederaufbereitungsanlage gebracht. Dort gibt man sie wiederum in ein Wasserbecken und entfernt die äußeren Hüllen der Brennstäbe. Die Stäbe werden in kleine Stücke geschnitten und in

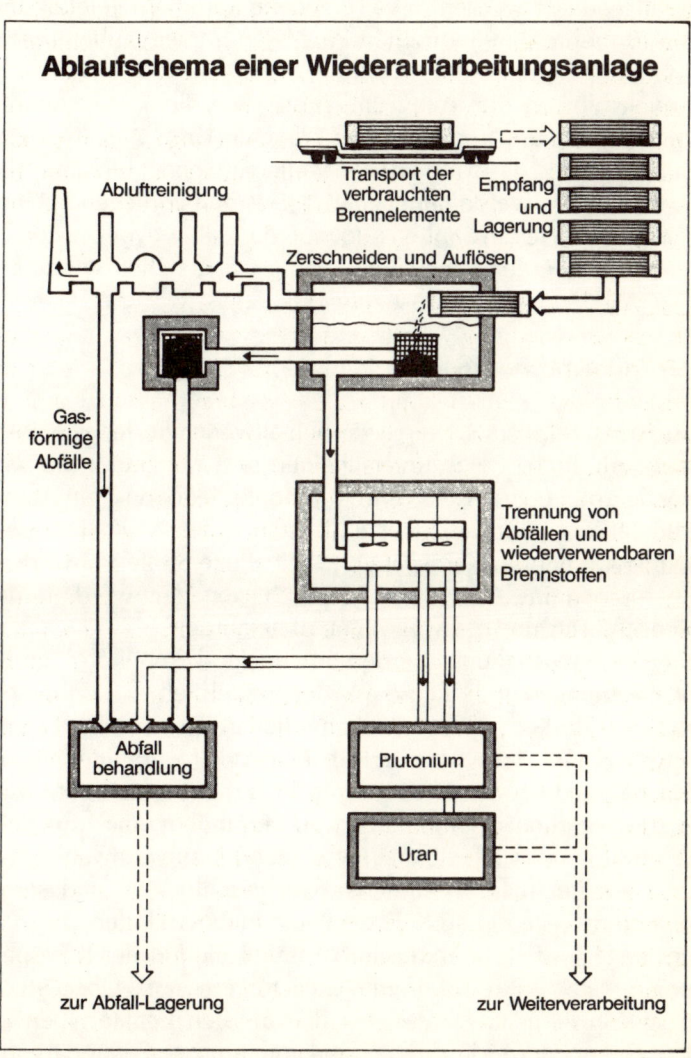

siedender Salpetersäure aufgelöst. Brennstoff und radioaktive Abfallprodukte werden in verschiedene Kammern geleitet und dort in mehreren chemischen Prozessen immer sauberer voneinander getrennt.
Zurück bleiben die festen und flüssigen radioaktiven Abfälle sowie Plutonium und das unverbrauchte Uran 235. Nur das Plutonium und das Uran können weiterverwendet werden. Alle anderen Stoffe werden endgelagert. Das nun vorliegende Uran ist dem Natur-Uran ähnlich und muß deshalb, bevor es wiederverwendet werden kann, noch einmal angereichert werden.

Der Atomkraftreaktor

Ein Atomkraftwerk ist ein Wärmekraftwerk wie jedes Kohlekraftwerk auch. Beide unterscheiden sich nur durch die verwendeten Energieträger: Uran und Kohle. Jedoch ist ein Atomkraftwerk viel komplizierter und gefährlicher. Vor allem deshalb, weil bei der Kernspaltung radioaktive Stoffe freiwerden. Sie müssen im Atomkraftwerk zurückgehalten werden, um Mensch, Tier und Umwelt nicht zu gefährden.
Bei der Kernspaltung werden im Reaktorkern enorm große Wärmemengen frei. Diese werden mittels eines Kühlmittels vom Reaktorkern in den herkömmlichen Teil des Kraftwerks befördert. Da das Kühlmittel im Reaktorkern unmittelbar mit den radioaktiven Brennelementen in Berührung kommt, wird es unweigerlich verstrahlt. Um zu verhindern, daß mit dem Kühlmittel radioaktive Stoffe ungehindert in die Umwelt gelangen, schaltet man wenigstens zwei geschlossene und somit vollkommen getrennte Kühlkreisläufe hintereinander.
Der erste, der »Primärkreislauf«, nimmt die bei der Kernspaltung entstehende Wärme im Reaktorkern auf. Über einen Wärmetauscher gibt er sie bei den meisten Reaktortypen an den »Sekundärkreislauf« ab. Das somit erhitzte »Sekundärkühlmittel« verdampft. Es hat die Neigung, sich auszudehnen, was

aber erst im Turbinenraum möglich ist. Dort sinkt der Druck rapide ab. Der Dampf kann sich nun »entspannen« und eine Turbine antreiben. Auf diese Weise erzeugt er Strom, der direkt in das öffentliche Stromversorgungsnetz eingespeist wird.
Das zu Dampf gewordene Sekundärkühlmittel muß nach dem Durchlauf durch die Turbinen wieder kondensieren, also verflüssigt werden, damit es seine Funktion weiter erfüllen kann. Dazu ist ein dritter und letzter Kreislauf erforderlich. Er ist mit der Umwelt verbunden: Das Kühlmittel dieses Kreislaufes ist Wasser aus umliegenden Gewässern. Es wird durch die Wärme des Sekundärkreislaufes oftmals stark erhitzt. Deshalb wird es in die gewaltigen, weithin sichtbaren Kühltürme geleitet, wo es auf die normale Gewässertemperatur heruntergekühlt wird, ehe es dann wieder in das Gewässer eingeleitet wird.
Weitaus gefährlicher als überhitztes Kühlwasser ist jedoch das Entweichen von radioaktiven Stoffen. Um dies zu verhindern, ist der Reaktorkern von einer Reihe von Sicherheitsbarrieren umgeben. Er wird zunächst von dem Reaktordruckgefäß umschlossen, einem Stahlbehälter, der einem Druck von 5,7 bar standhalten soll. Dieser ist von einem »biologischen Schild« umgeben, einer Betonhülle von mehr als zwei Meter Dicke. Der gesamte Kernbereich des Reaktors wird von einem Sicherheitsbehälter eingefaßt, den eine weitere Betonhülle (Containment, Kugelbau) umschließt.
All diese Sicherheitsbarrieren können die Umwelt nur so lange vor dem tödlichen Inhalt des Reaktorkerns bewahren, wie sie unversehrt sind. Durch die extreme Beanspruchung ermüden die Baustoffe des Kernreaktors jedoch überdurchschnittlich schnell und werden spröde. Das ist besonders bedenklich, weil radioaktive Stoffe schon durch haarfeine Risse in den Sicherheitsbarrieren entweichen können und die Umgebung des Atomkraftwerkes verseuchen.
Die Sicherheitsprobleme sind bei den einzelnen Reaktortypen unterschiedlich. Von den 374 derzeit betriebenen Kernkraftwerken sind 268 Reaktorblöcke sogenannte Leichtwasserreak-

toren. Sie gibt es in zwei verschiedenen Ausführungen: als Druckwasserreaktor und als Siedewasserreaktor.

Der Druckwasserreaktor (DWR)

Druckwasserreaktoren leisten bis zu 1300 Megawatt. Im Primärkreislauf dieses Reaktortypes herrscht hoher Druck (rund 155 bar). Dadurch kann das als Kühlmittel verwendete Wasser trotz einer Temperatur von 323 Grad Celsius nicht verdampfen. Um diesen Druck im gesamten Reaktorkern aufrechtzuerhalten, wird er ständig überprüft und, wenn erforderlich, reguliert. Im Sekundärkreislauf herrscht ein Druck von etwa 60 bar, so daß das Wasser in diesem Kreislauf verdampfen kann. Der Dampf treibt dann Turbinen an, mit denen Strom gewonnen wird.

Druckwasserreaktoren in der Bundesrepublik Deutschland sind die Atomkraftwerke Stade, Biblis (A und B), Neckarwestheim, Unterweser, Grafenrheinfeld, Grohnde und das KKW Phillipsburg II.

Der Siedewasserreaktor (SWR)

Grundsätzlich funktioniert der Brennstoffkreislauf des Siedewasserreaktors ebenso wie der des Druckwasserreaktors. Der einzige Unterschied besteht darin, daß der Siedewasserreaktor nur einen einzigen Kühlwasserkreislauf besitzt. Der im Reaktordruckgefäß erzeugte Dampf treibt also direkt die Turbinen an.

Typisch für den Siedewasserreaktor ist die längliche Form des Reaktorkerns. Im Gegensatz zu den kreisförmigen Kernen anderer Reaktoren läßt sich darin der erzeugte Dampf besser »trocknen«. Denn je höher der Dampf aufsteigen kann, um so mehr Wasseranteile verliert er.

Der Siedewasserreaktor ist einfach gebaut, der Druck in seinem Kühlkreislauf beträgt nur rund 70 bar, und er hat einen höheren Wirkungsgrad. Aber er weist auch einen wesentlichen Nachteil auf: Der Dampf wird durch den direkten Kontakt mit den

Kreislaufschema eines Kernkraftwerkes mit Druckwasserreaktor

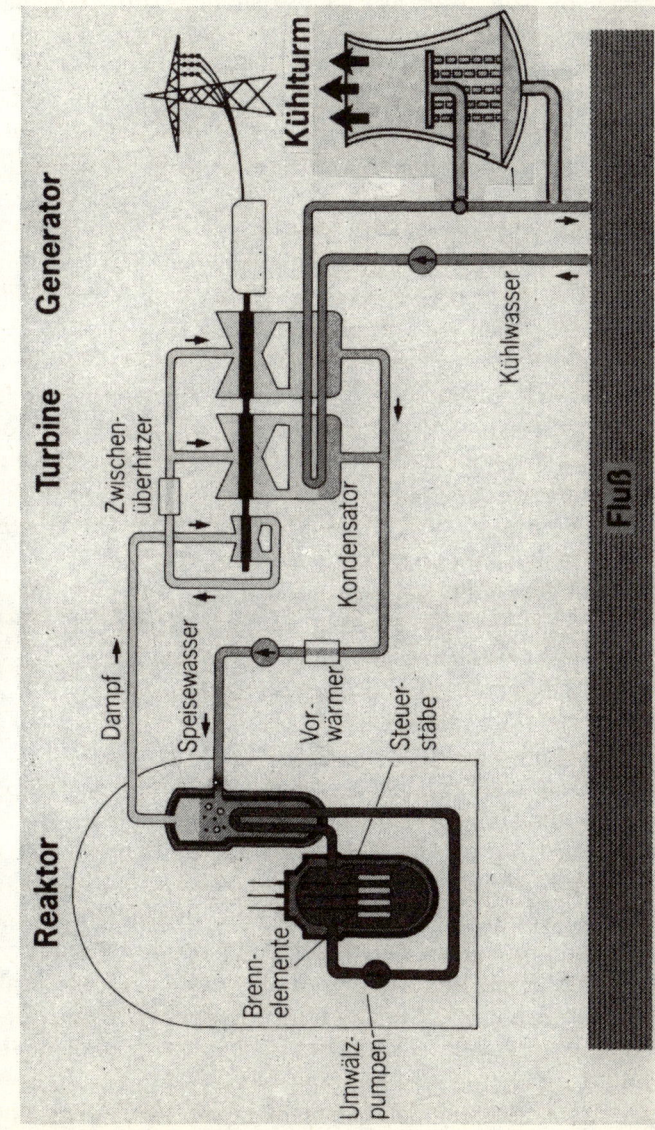

(Quelle: Deutsches Atomforum)

Brennelementen besonders stark verstrahlt. Da er dann unmittelbar in den Turbinenraum geleitet wird, werden auch die Maschinen dort im Lauf der Zeit verseucht.
Siedewasserreaktoren sind die Atomkraftwerke Kahl (seit 25. 11. 1985 stillgelegt), Würgassen, Brunsbüttel, Isar, Phillipsburg I, Krümmel und Gundremmingen (B und C).

Der Schwerwasserreaktor
Dieser Reaktortyp bietet den Vorteil, Natur-Uran verbrennen zu können. Dafür ist jedoch »schweres Wasser« notwendig. Es unterscheidet sich vom normalen Wasser dadurch, daß an die Stelle des Wasserstoffanteils (H_2) ein Deuteriummolekül (D_2) tritt. Dadurch hat dieses Wasser einen höheren Gefrier- und Siedepunkt sowie eine größere Dichte. Damit ist es als Brems- und Aufnahmestoff für die frei werdenden Neutronen, also als Moderatorstoff, geeignet.
Die Verwendung von Natururan verbilligt die Energieerzeugung erheblich, da nicht angereichertes Uran auf dem Weltmarkt nur ein Fünftel soviel kostet wie angereichertes. Deshalb wird dieser Reaktortyp meist in technisch wenig entwickelten und finanzschwachen Ländern, so in mehreren Entwicklungsländern, betrieben.

Der Hochtemperaturreaktor (HTR)
Der Hochtemperaturreaktor arbeitet mit sehr hohen Temperaturen. Dafür braucht er aber besonderes Brennmaterial. Man verwendet Uran und Thorium. Das Thorium verwandelt sich im Reaktorkern durch Neutroneneinfang in ein sehr gut spaltbares Uran-Isotop, das Uran 233. Die kugelförmigen, graphitumhüllten Brennelemente werden durch ein riesiges Röhrensystem in den Reaktorkern befördert. Der Hochtemperaturreaktor in Hamm-Uentrop enthält beispielsweise 675 000 dieser Brennelementkugeln. Durch den Haufen der Brennelemente strömt das Kühlmittel Helium mit 40 bar.
Als Moderator verwendet man hier Graphit, weshalb man auch

von einem »graphit-moderierten Reaktor« spricht. Graphit ist, wie alle im Hochtemperaturreaktor verwendeten Stoffe, extrem hitzebeständig. Es schmilzt erst bei 3650 Grad Celsius. Durch die extreme Wärmeentwicklung kann man Kohle zum Vergasen bringen und auch andere Elemente in Wasserstoff spalten. Diese Spaltprodukte sind vor allem für die chemische Industrie interessant.
In Deutschland gibt es nur zwei solcher Reaktoren: den Versuchsreaktor in Jülich und den sehr umstrittenen Reaktor in Hamm-Uentrop.

Der Schnelle Brüter (SNR)
In diesem Reaktortyp werden zur Brennstoffspaltung die sogenannten »schnellen«, d. h. sehr energiereichen Neutronen verwendet, da man hier keine Brennstoffe, also Moderatoren, benötigt. Als Brennstoff wird das reichlich in der Natur vorkommende Uran 238 verwendet, häufig auch Thorium 233, das mittels schneller Neutronen zu Plutonium und Uran 233 wird. Dieser Umwandlungsprozeß wird »Brüten« genannt.
Da Wasser die entstehenden radioaktiven Spaltprodukte zu stark aufnehmen würde, ist es hier als Kühlmittel ungeeignet. Man verwendet deshalb flüssiges Natrium. Dieses zeichnet sich durch seinen sehr hohen Siedepunkt aus (rund 800 Grad Celsius). Kommt Natrium jedoch mit Neutronen in Berührung, strahlt es sehr stark. Deshalb ist es notwendig, das Kühlmittel sorgfältig abzuschirmen. Als Sekundärkühlmittel werden Helium oder Wasser eingesetzt.
Im Schnellen Brüter wird der Brennstoff Uran bis zu fünfzigmal besser ausgenutzt als in anderen Reaktortypen. Aufgrund seiner hohen Leistungsdichte kann er kleiner als andere Typen gebaut werden und bringt dennoch eine höhere Leistung.
In der BRD gibt es nur einen solchen Reaktor: den 1986 in Betrieb genommenen Schnellen Brüter in Kalkar.

Reaktorsicherheit

Die Gefährlichkeit radioaktiver Strahlung für Mensch und Tier ist unbestritten. Deshalb muß es oberstes Ziel sein, die Strahlenbelastung — besonders für Menschen in kerntechnischen Anlagen — so gering wie möglich zu halten. Im deutschen Atomgesetz wurden Schutzziele formuliert, die »Reaktorsicherheit« in drei Bereichen fordern:
- Im »bestimmungsgemäßen Betrieb« die optimale Ausbildung des Personals und ständige Materialüberprüfung
- Die Verhinderung und gegebenenfalls die »Beherrschung« von Störfällen durch technische Eingriffsmöglichkeiten (Not- und Kontrollsysteme)
- Organisatorische und technische Maßnahmen zur Begrenzung der Unfallfolgen.

Das Umsetzen dieser Ziele ist jedoch sehr kompliziert. Ein Reaktor mit einer Leistung von rund 650 Megawatt enthält bereits nach wenigen Monaten normalen Betriebs eine Radioaktivität von 10 Milliarden Curie. Dies ist technisch nicht zu verhindern. Man kann nur versuchen, die Strahlung stets unter Kontrolle zu halten. Materialverschleiß und menschliches Versagen sind jedoch niemals ganz auszuschließen.

<u>Schutzsystem und Sicherheitseinrichtungen eines Reaktors</u>
Ziel jeden Schutzsystems ist es, mögliche Störungen so früh wie möglich zu erkennen und die entsprechenden Schutzaktionen auszulösen. Der wohl wichtigste »passive« Schutz gegen das Austreten radioaktiver Strahlung ist die mehrfache Abschirmung des Reaktorkerns durch Stahl- und Betonwände. Im Reaktor sind mehrere Kontrollgeräte angebracht, die laufend die Temperatur und die Strahlendosis messen. Diese Daten werden in der Kontrollstelle des Reaktors gespeichert. Das Meßsystem ist mit einer automatischen »Alarmanlage« verbunden. Wenn sie fehlerfrei arbeitet, werden Störungen automatisch angezeigt. Da jedoch die weiteren Schritte, beispiels-

weise das Einschalten des Notkühlsystems, wieder von Menschen gesteuert werden müssen, sind sie allein noch kein Garant für die Verhinderung von Störfällen oder sogar Katastrophen. Um jedoch die technische Eingriffsmöglichkeit sicherzustellen, sind folgende Grundsätze bei jedem Reaktor einzuhalten.

- Der Reaktor wird in verschiedene (meist vier) Sicherheitsbereiche (Quadranten) eingeteilt; für alle diese Bereiche sind die Kontroll- und Steuergeräte getrennt voneinander untergebracht.
- Die wichtigsten Meßgeräte sind mehrfach vorhanden; man spricht im Fachjargon von »Redundanz«
- Diese Geräte arbeiten nach unterschiedlichen Verfahren (»Diversität«), um Meßfehler soweit wie möglich zu vermeiden.

Diese Grundsätze sollen den Totalausfall des Kraftwerkes verhindern.

Im Störfall werden bestimmte Sicherheitseinrichtungen eingesetzt, um mögliche Katastrophen verhindern zu können. Die beiden wichtigsten Sicherheitseinrichtungen in einem Kernkraftwerk sind: die Abschalteinrichtung und die Not- und Nachkühlung.

Die Abschalteinrichtung: Ein Reaktor muß jederzeit sofort und sicher abgeschaltet werden können. Dies geschieht, indem die Steuerstäbe, die zwischen den Brennstäben liegen, von dem Kontrollraum aus eingefahren werden und der Neutronenbeschuß somit gestoppt wird.

Die Not- und Nachkühlung: Bruch oder Materialfehler einer Rohrleitung führen zu Kühlmittelverlust. Dadurch kann der Reaktorkern überhitzt werden und im schlimmsten Fall schmelzen (GaU). Eine Notkühlung kann auf drei verschiedene Arten geschehen: durch nachgepumptes Wasser mittels sogenannter »Notpumpen«, durch »Core-Sprays«, die ähnlich einer Sprinkleranlage funktionieren und durch Reaktor-»Überschwemmung«.

Sonstige: Im Normalbetrieb sind außerdem ein Druckregulator, ein computergesteuertes Regelungssystem für die Vorgänge im Reaktorkern sowie Notspeisesysteme, die im Fall des Energieausfalls eingesetzt werden, vorhanden. Alle diese Systeme unterliegen einem Normprüfverfahren, das sie vor Inbetriebnahme durchlaufen müssen.

Die Überwachung von Kernkraftwerken
Der Betrieb von Atomkraftwerken wird überwacht. Anhand eigener Kontrollmessungen wird die »Gefährlichkeit« ermittelt, und in sogenannten Fernüberwachungssystemen werden die Daten verglichen und kontrolliert.

Die sogenannte Eigenüberwachung dient lediglich zur Erfüllung der Forderungen in den Arikeln 46 und 48 der Strahlenschutzverordnung. Sie fordern:

- Überwachung der Ableitung radioaktiver Stoffe zur Einhaltung der Dosisgrenzwerte für Angestellte der kerntechnischen Anlage
- Überwachung der Radioaktivität in der Umgebung von kerntechnischen Anlagen durch Messung der radioaktiven Stoffe in der Luft, dem Wasser sowie in »Ernährungsketten«.

Die Fernüberwachung durch Aufsichtsbehörden gemäß dem Artikel 19 des Atomgesetzes umfaßt vier Bereiche:

- Emissionsüberwachungen in Luft und Abwasser
- Immissionsüberwachungen, die Messung der Aktivitätskonzentration und der Ortsdosisleistung in der Umgebung sowie in den Strahlenschutzbereichen
- Erfassung des Wetters im Hinblick auf eine mögliche Verbreitung radioaktiver Stoffe
- Überwachung ausgewählter Betriebsdaten.

Genehmigung von Atomkraftwerken
Für die Einrichtung und den Betrieb einer »Anlage zur Spaltung von Kernbrennstoffen« ist eine Genehmigung nach §7 Atomgesetz erforderlich. Diese Genehmigung kann nur von den

zuständigen Landesbehörden erteilt werden. Im Grundgesetz der BRD ist die Zuständigkeit für Atom- und Strahlenschutzrecht den Ländern im Namen des Bundes übertragen.

Einzelheiten der Genehmigung sind in der »Atomrechtlichen Verfahrensverordnung« (AtVfV) geregelt. Die zuständige Landesbehörde unterrichtet nach dem Eingang der Antragsunterlagen die an der Entscheidung beteiligten Behörden. Dies können sein: Umwelt- und Gesundheitsministerien, Raum- und Landschaftsplanung, der Landeskatastrophenschutz, sowie Industrie- und Handelskammern. Auch die jeweils betroffenen Gemeinden werden verständigt und angehört. Zwei Monate lang müssen die Unterlagen öffentlich ausgelegt werden. Jedermann kann Einwendungen vorbringen und muß gehört werden.

In dieser Zeit prüfen die Behörden die Rechtslage und die möglichen Auswirkungen auf den betroffenen Landkreis. Die Antragsunterlagen werden technisch begutachtet. Da das rechtliche Verfahren oftmals sehr langwierig ist, können in diesem Zeitraum bereits Teilgenehmigungen ausgesprochen werden. Ist eine Entscheidung gefallen, ist diese nur noch bei landesübergreifenden Interessen anfechtbar.

Der Staat selber hat nur das Recht zu überprüfen, ob die Gesetze und Vorschriften eingehalten worden sind, und kann mögliche zusätzliche Auflagen zum Schutz der Bevölkerung durchsetzen. Dies geschieht jedoch nur selten.

Grenzwerte für die Strahlenbelastung
Grenzwert für Arbeitskräfte in Kernkraftwerken: 5 rem/Jahr
Grenzwert in der Umgebung kerntechnischer Anlagen: 30 rem/Jahr

Das Problem mit dem Atommüll

Unter Atommüll faßt man nur die bei der Wiederaufarbeitung und die direkt aus dem Kernkraftwerksbetrieb entnommenen gasförmigen, flüssigen und festen Stoffe mit radioaktiver Strahlung zusammen. Die Stoffe, die während des Betriebes mit dem Abwasser oder der Abluft in die Umwelt gelangen, zählen nicht dazu.

<u>Radioaktive Abfälle aus einem Kernkraftwerk</u>
Das Problem des radioaktiven Mülls wird immer größer. So errechnete der Club of Rome, daß im Jahr 2000 die Radioaktivität der bis dahin angesammelten Abfälle rund 1000 Milliarden Curie betragen wird. Allein das in den Leichtwasserreaktoren erzeugte Plutonium schätzt man auf über 100 Milliarden Curie. Eine Studie der Europäischen Gemeinschaft rechnet für 1990 mit einem Abfallvolumen von »einigen tausend Kubikmetern« hochaktiven und langlebigen festen Abfallstoffen, mit 10 000 bis 20 000 Tonnen Uran, das wiederaufbereitet werden soll, sowie mit »einigen zehntausend Kubikmetern« Nebenprodukten mit niedriger Aktivität. Allein in Bayern fallen jährlich etwa 1000 bis 1200 Zweihundert-Liter-Fässer »nur« schwach- bis mittelaktiver Abfälle an. Mit jeder Milliarde Megawattstunden, die durch Kernkraft erzeugt wird, entstehen rund 150 Kilogramm Atommüll.

Auch bei dem Abriß eines Kernkraftwerks fallen beachtliche Mengen radioaktiven Abfalls an. So entstehen bei der Demontage des Kernkraftwerks Niederaichbach, das 1300 Megawatt lieferte, 3500 Tonnen radioaktives Abwasser, 1500 Tonnen wiederverwertbarer, aber hoch verstrahlter Stahl, 1200 Tonnen feste radioaktive Abfälle wie Brennhülsen und Rohre, daneben rund 130 000 Tonnen Bauschutt, 1000 Tonnen Abwasser und 1500 Tonnen Stahl.

Lagerung radioaktiver Abfälle

Je nach Strahlungsintensität wird der atomare Müll an verschiedenen Orten gelagert. Dies sind Sammelstellen, Zwischen- und zuletzt Endlager.

Sammelstellen sind nur für schwach- bis mittelaktive Abfälle geeignet. Dies können medizinische Geräte, verstrahlte Kleidung aus den Reaktoren oder Geräte aus Kernforschungsanlagen sein. Die Sammelstellen sind meist überirdische Stahlbetonbauten, die in der Nähe der Abfallproduktion stehen. Hier sollen die radioaktiven Stoffe weiter zerfallen, so daß sie nach längerer Zeit mit dem normalen Müll verwertet werden können. In der Bundesrepublik gibt es acht Landessammelstellen für Atommüll.

Sammelstellen für Atommüll	
Baden-Württemberg	Karlsruhe
Bayern	Neuherberg
Hessen	Rossberg
Rheinland-Pfalz	Eillweiler
Nordrhein-Westfalen	Jülich
Saarland	Saarbrücken
Berlin	Berlin
Norddeutschland	Geesthacht

Endlagerung radioaktiver Abfälle. Als Endlagerstätten werden Salzstöcke für geeignet gehalten. Salz ist sehr hitzeleitfähig. So kann die entstehende Nachwärme auf natürliche Weise abgeleitet werden. Man plant, diese Endlagerstätten in drei Etagen anzulegen.

1. Stufe für niedrigaktive Abfälle. Als »schwachaktiv« werden Stoffe angesehen, deren Strahlenaktivität weniger als 0,1 Curie je Kubikmeter beträgt. Sie werden meist in flüssiger Form an Beton oder Bitumen gebunden. Bitumen ist ein erdharz- und

bergteerähnlicher Stoff, der als Bindemittel bei Asphalt oder als säureunempfindliches Abdichtungsmittel in der chemischen Industrie verwendet wird. Das Bitumen-Atommüll-Gemisch wird in 200-Liter-Fässer gefüllt und unterirdisch gelagert. Hierfür werden zwei Methoden angewandt: Eine Möglichkeit ist das Stapeln der Fässer, die andere das sogenannte »Einpökeln«, bei dem die Abfall-Mischung auf eine Salzböschung aufgeschüttet und wieder mit einer Salzschicht zugedeckt wird. Das »Einpökeln« ist zwar weniger verbreitet, aber beispielsweise bei Wassereinbruch verhältnismäßig sicher.

2. Stufe für mittelaktive Abfälle. Mittelaktiver Abfall weist eine Strahlendosis von 0,1 bis 10 000 Curie je Kubikmeter auf. Diese Stoffe werden rund 500 Meter unter der Erdoberfläche gelagert. In 200-Liter-Fässern werden sie dorthin transportiert. Dafür werden sie in Abschirmbehälter gegeben.

3. Stufe für hochaktive Stoffe. Hochverstrahlte Stoffe wie beispielsweise die Brennhülsen oder Reinigungsgeräte des Kernkraftwerkes werden in dieser Stufe gelagert. Sie weisen eine Strahlendosis von über 10 000 Curie pro Kubikmeter auf. Deshalb werden sie in spezielle Glasbehälter eingeschweißt. Hier ist auch die Wärmeleitfähigkeit des Salzes am wichtigsten. Denn diese Abfallstoffe entwickeln innerhalb des Behälters eine Nachwärme von rund 350 Grad Celsius. Selbst auf der Glasaußenfläche können lange Zeit noch 200 Grad Celsius gemessen werden.

Gefahrenquellen der Atommüllagerung
Gefahren für unterirdische Atommüllagerstätten drohen durch Erdbeben, »Gebirgsmechanik« und Wassereinbrüche.
Durch Erdbeben oder das langsame Verschieben von Erdmassen (Gebirgsmechanik) können Risse in der Erde bis zur Oberfläche entstehen. Die Sicherheitsbehälter können diesem Druck oder dieser Erschütterung nicht standhalten. Tritt einer dieser Fälle ein, muß man damit rechnen, daß radioaktive Strahlen bis an die Erdoberfläche vordringen.

Der schlimmste Fall, der GaU bei der Endlagerung, wäre jedoch das Eindringen von Wasser in den Lagerraum. Denn kommen die warmen Brennstoffe mit Luft oder Wasser in Berührung, kann das eine Explosion auslösen.

Die Kernkraftsituation

Im Jahre 1985 wurden in 26 Ländern auf der Welt 355 Kernkraftwerke betrieben. Sie produzierten insgesamt 263 027 MWe Strom. Allein in Westeuropa wurden während eines Jahres mit 125 Reaktorblöcken 589 195 Gigawattstunden erzeugt, das sind 100 Millionen Watt pro Stunde.
Weltweit befinden sich weitere 163 Blöcke in 25 Ländern im Bau. Weitere 75 Reaktorblöcke mit einer Gesamtleistung von 77 328 MWe sind bereits geplant und bestellt.
Der Anteil der Kernkraft an der Stromerzeugung ist in den einzelnen Ländern sehr unterschiedlich.

Kernkraft weltweit (1985)		
Land	Stromanteil	Zahl der Reaktorblöcke
Taiwan	52%	6
Japan	23%	33
USA	15%	93
Kanada	14%	16
UdSSR	10%	49
Frankreich	65%	43
Belgien	51%	8
Schweiz	45%	5
Schweden	43%	12
BRD	31%	20
Spanien	22%	8
Großbritannien	19%	21

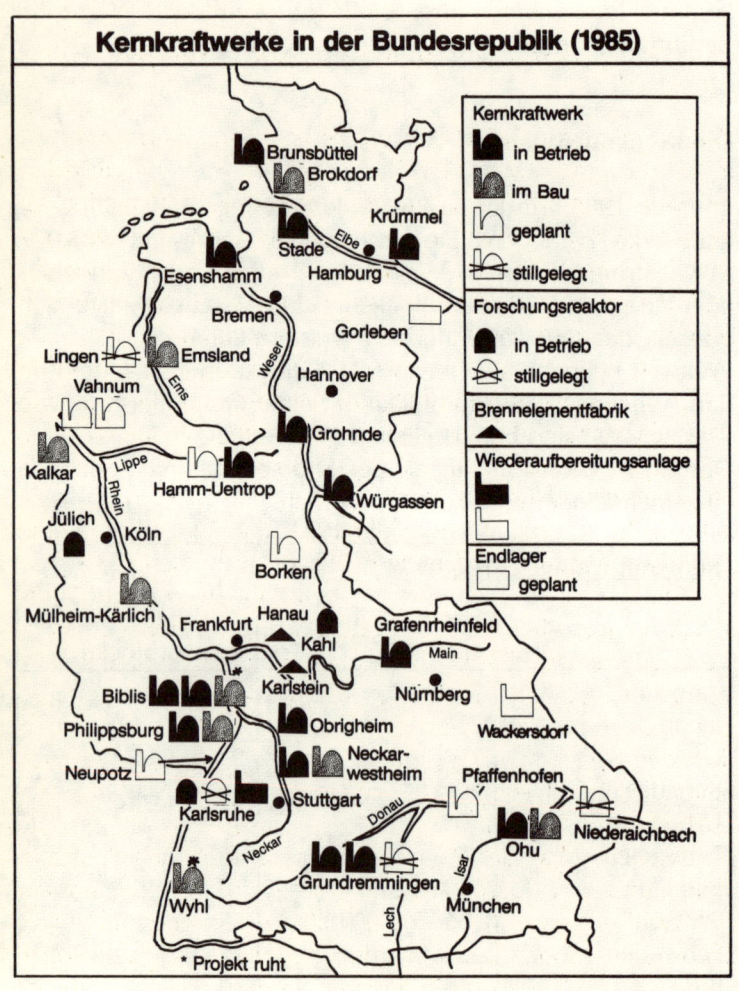

Umsteigen?

Energie steckt nicht nur im Atomkern

Die Energiewirtschaft der hinter uns liegenden Jahrzehnte war in steigendem Maß an dem Ziel orientiert, den Energiebedarf möglichst zentral aus möglichst wenigen Energiequellen zu decken. Auf dem Weg zur Verwirklichung dieses Zieles versprach die Kernenergie den großen Sprung nach vorn. Langfristig, so hoffte man, würde man die Energie der schweren Atomkerne in so großem Umfang nutzen können, daß eine steigende Energienachfrage zu einem immer größeren Teil und schließlich vollständig damit zu decken wäre. Sicher sollte diese Energie sein, billig und umweltfreundlich. Noch dazu schien sie eine nie versiegende Quelle darzustellen.
Das war ein besonders wichtiger Gesichtspunkt nach dem Schock der ersten Ölkrise im Jahr 1973. Damals sah es ja eine Zeitlang so aus, als würden uns die Scheichs mit dem Zudrehen des Ölhahns allen Wohlstand rauben können, den das Wirtschaftswunder über das Land gebracht hatte. Aber wir hatten noch den einen Trumpf im Ärmel: das Können deutscher Wissenschaftler und Techniker, die modernste Technologie, die sie in ihren Köpfen erdachten und die unter den Händen deutscher Wertarbeiter Wirklichkeit wurde. Schließlich: Was hatten wir nicht schon alles geleistet auf dem Weg in den unabhängigen Atomstaat?
Bereits 1958 war der Auftrag für das erste bundesdeutsche Atomkraftwerk in Kahl vergeben worden. Bis 1962 schlossen sich die Reaktoren in Karlsruhe, Jülich und Gundremmingen an. In den Jahren danach wurden die Aufträge immer flotter vergeben, wurden die Kraftwerke immer zügiger gebaut. Anfang 1986 war ihre Zahl auf 20 angewachsen. Die Zukunft versprach rosig zu werden.

Und dann passierte uns die Sache mit Tschernobyl. Niemand in der Bundesrepublik trug daran Schuld, niemand hier konnte dafür verantwortlich gemacht werden. Dennoch war die Betroffenheit in jenen Tagen überall zu spüren. Milch, die uns früher munter gemacht hatte, ließ uns plötzlich trübsinnig, ja mißtrauisch werden. Wer wußte denn schon, wieviel Jod 131 tatsächlich darin enthalten war? Wildfleisch hatte man plötzlich zu meiden, die Kinder mußten wir vom Sandkasten fernhalten. Die Badesaison startete mit Verspätung, weil die Liegewiesen radioaktiv verseucht waren.
War das die Lebensqualität, die wir angestrebt hatten? Mancher Technikgläubige fiel in diesen ersten Maitagen 1986 aus allen Wolken, mancher Kernkraftgegner konnte triumphieren. Und wünschte sich dennoch, es wäre nie gekommen.
Es dauerte lange, bis der Schock wenigstens einigermaßen überwunden war. Zu den ersten, die sich dann zu Wort meldeten, gehörten die Freunde der Atomkraft. Trotzig beharrten sie auf ihrem »Ja zur Kernkraft ohne Wenn und Aber« (Franz Josef Strauß). Was blieb ihnen auch übrig? Im Überschwang der Freude über all die Segnungen der Kernkraft hatte man glatt ihre Nachteile vergessen. Und nicht nur das. Auch das Ausschauhalten nach anderen Möglichkeiten der Energiegewinnung hatte man unterlassen. Bei keiner anderen Energieart war die Technik auch nur annähernd so fortgeschritten wie bei der Kernenergie.

Daß es noch andere Quellen gibt, ist zwar bekannt — wie man sie wirtschaftlich nutzt, dagegen kaum. Wer nach dem Unfall von Tschernobyl findet, daß wir unsere Zukunft nicht auf eine Energieform aufbauen dürfen, die uns derartige Zwischenfälle beschert, der muß auch den nächsten Schritt tun: Er muß erkennen, daß wir nicht umhinkommen umzudenken.
Eine »harte« Art der Energiegewinnung hat uns hart getroffen. Wir müssen aufhören, die »weichen« Energien als eine Angelegenheit weltfremder Spinner zu verteufeln. Weiche Energien —

Nach Tschernobyl ist die Zahl derer, die — unabhängig von ihrem politischen Standort — den Ausstieg aus der Kernenergie fordern, sprunghaft gestiegen. Die heutigen Forderungen der Atomkraftgegner lassen sich in zehn Punkten zusammenfassen:

1. Auf die Nutzung der Kernenergie muß zum frühestmöglichen Zeitpunkt verzichtet werden.
2. Da zuviel Strom produziert wird, können ältere oder bisher störanfällige Atomkraftanlagen bereits heute abgeschaltet werden.
3. Es muß ein verbindlicher »Ausstiegsplan« erarbeitet werden.
4. Die Wiederaufbereitungsanlage darf nicht gebaut werden.
5. Das Atomgesetz und andere staatliche Regelungen zum Nutzen der Energiewirtschaft müssen überprüft und im Sinn einer modernen, umweltfreundlichen Energieerzeugung und -nutzung geändert werden.
6. Energiesparmaßnahmen müssen »belohnt« werden.
7. Umweltfreundliche Technologie wie Solar-Energie oder Wind-Energie müssen massiv gefördert werden.
8. Die Kohlekraftwerke müssen modernisiert und mit modernen Filteranlagen ausgestattet werden.
9. Alle laufenden Atomkraftwerke müssen einer strengen Sicherheitskontrolle unterzogen werden.
10. Mit allen Nachbarstaaten müssen Verhandlungen angestrengt werden, damit die bestehenden Atomkraftwerke nach dem neuesten Stand der Technik geschützt und weitere nicht gebaut werden.

dazu gehört alles, was uns Erde, Luft und Wasser in einer Form bieten, die der einzelne oder eine kleine Gruppe ohne riesigen technischen Aufwand nutzen kann: Erdwärme, Biomasse, Wind, die Sonne. Und wenn wir dann trotzdem noch zu »harten« Energien greifen, dann sollten wir das wenigstens mit Verstand tun.

Ein Beispiel dafür ist die *Kraft-Wärme-Koppelung*. Denn daß man hochwertige Stoffe wie Kohle, Öl und Erdgas heute überhaupt noch verbrennt, ist fragwürdig genug. Daß man dabei aber in reinen Stromkraftwerken auch noch Wasser und Wasserdampf in die Umwelt entläßt, sobald sie gerade nicht mehr heiß genug zur Stromgewinnung sind, mutet an wie ein mißlungener Scherz.

Durch die Kraft-Wärme-Koppelung wird die sonst vergeudete Wärme wenigstens teilweise genutzt. Man erreicht dies, indem man die bei der Stromerzeugung entstehende »Abwärme« über sehr gut isolierte Rohre in Wohnungen und Betriebe leitet, wo sie Räume und Wasser heizen. Ein Heizkraftwerk mit hundert Megawatt elektrischer Leistung kann so nebenbei etwa 25 000 Haushalte mit Wärme versorgen. Der erforderliche Mehraufwand im Kraftwerk entspricht dabei ungefähr 16 000 Tonnen Steinkohleneinheiten. Würde in den Haushalten selbst Öl, Kohle oder Holz verbrannt, so entspräche das einem Heizwert von 87 000 Tonnen Steinkohle; pro Jahr würde also der Heizwert von 71 000 Tonnen Steinkohle unnütz vergeudet.

Das Verfahren der Kraft-Wärme-Koppelung ist allerdings nur in Ballungsgebieten anwendbar, wo die Entfernungen zwischen dem Heizkraftwerk und den Verbrauchern klein sind. Über große Entfernungen würde zuviel Wärme verlorengehen. Aber an Ballungsgebieten herrscht in der Bundesrepublik ja nun wahrlich kein Mangel!

Auch in den Industriebetrieben wird heute noch in großem Maß Wärmeenergie verschwendet. Und zwar in Form der *Prozeßwärme* – Wärme, die bei großtechnischen Verfahren zugeführt werden muß oder sogar dabei entsteht. Meist wird diese Wärme heute noch ungenutzt an die Umwelt abgegeben und trägt zur Aufheizung der Erdatmosphäre bei. Noch viel zu selten wird diese Wärmeenergie in werkseigenen Heizkraftwerken verwertet oder als Wärme beziehungsweise elektrischer Strom in ein öffentliches Netz eingespeist.

Allerdings gibt es Gründe dafür, warum Unternehmer diese Energie häufig ungenutzt verschwenden. Erster Grund ist die Gestaltung des Strompreises, die wenig zeitgemäß Großunternehmer gegenüber den zahllosen Kleinverbrauchern bevorzugt. Das Rheinisch-Westfälische Energieunternehmen beispielsweise verlangt von seinen Kleinkunden 23,4 Pfennig je Kilowattstunde, die »Sonderkunden« hingegen kommen mit 13 Pfennig für die Kilowattstunde davon. Es leuchtet ein, daß bei solchen Belohnungen für den gedankenlosen Umgang mit Energie die Fabrikbesitzer sich nur zögernd mit einer sinnvollen Energieverwendung anfreunden können, zumal das am Anfang noch Kapital bindet.

Auch der zweite Grund für die Zurückhaltung vieler Unternehmer bei der Nutzung der Prozeßwärme ist ein Strompreis: nämlich jener für die Einspeisung von »Überschußstrom« in das öffentliche Netz. Der Preis, den Energieversorgungsunternehmen beim Ankauf von Strom bezahlen, ist nur ein Bruchteil dessen, was selbst Großkunden im umgekehrten Fall entrichten müssen. Wen will es da wundern, daß sogar umweltbewußte Unternehmer die erheblichen Kosten für eine Anlage zur Nutzung der Prozeßwärme scheuen?

Hauptgrund für diese beiden merkwürdigen Erscheinungen bei der Strompreisgestaltung ist das aus der Zeit des Nationalsozialismus stammende Energiewirtschaftsgesetz. Es ist seit 1935 fast unverändert in Kraft und gibt den Energieversorgungsunternehmen Ziele vor, die weit an den Erfordernissen unserer Zeit vorbeigehen. 1935 standen »Energieknappheit« oder »Energiesparen« halt noch in keinem Wörterbuch.

All die Energie, die heute in Haushalten wie in Industriebetrieben weit sinnvoller genutzt werden könnte, muß erst einmal

erzeugt werden. In der Bundesrepublik geschieht das aber fast ausschließlich auf umweltschädliche Weise. 1985 etwa wurde der Energieverbrauch der Republik zu 41,5 Prozent mit Erdöl, zu 29,7 Prozent mit Braun- und Steinkohle und zu 10,6 Prozent mit Hilfe der Kernenergie gedeckt. Zu einem Teil verpestete uns die Energiegewinnung also die Luft, zum anderen bescherte sie uns radioaktive Erbmasse, für die wir uns schon heute vor unseren Kindern schämen müssen. Da auch Erdgas noch mit 15,5 Prozent beteiligt war, blieben für alle anderen Energiequellen nur 2,8 Prozent.
Diese anderen Energiequellen zu nutzen, hat man gar nicht erst ernsthaft versucht, oder aber Versuche wieder eingestellt. Warum das geschah, ist nicht befriedigend zu erklären. Es mögen handfeste Interessen derer eine Rolle gespielt haben, die Vorteile von einer zentralen Energieversorgung hatten, aber wohl auch eine überzogene allgemeine Technikbegeisterung. Es galt eben irgendwann als modern, einen schönen rauchenden Fabrikschornstein zu haben anstatt eines sich ruhig drehenden Wasserrades.

Dabei ist gerade die *Wasserkraft* eine der ersten Energiequellen gewesen, mit denen sich der Mensch von seiner Muskelkraft unabhängig gemacht hat. In ganz Deutschland gibt es aufgelassene Mühlen und Hammerwerke, auf die nur noch langsam verrostende Wasserräder aufmerksam machen. Natürlich ließe sich mit ihnen allein die Leistungsfähigkeit unserer Industrie nicht einmal annähernd bewahren. Wieso es aber folgerichtig sein soll, deswegen gleich ganz auf die saubere und sichere Energie unserer Fließgewässer zu verzichten, ist nicht einzusehen.
Daß es selbst in unserer Zeit noch lohnend sein kann, solch ein altes Wasserrad wieder in Betrieb zu nehmen, bewies beispielsweise der Besitzer einer Schraubendreherei an der fränkischen Schwarzach. Seit zwanzig Jahren stand das kleine, um die Jahrhundertwende gebaute Wasserkraftwerk, das zu seiner

Fabrik gehörte, still. Bis Mitte der sechziger Jahre hatte es mit Hilfe von Übertragungsriemen alle Maschinen der 75-Mann-Fabrik angetrieben. Dann war es nicht mehr lohnend erschienen, das Kraftwerk instand zu halten. Erst steigende Strompreise und der Vorschlag eines begabten Ingenieurs brachten den mittelständischen Unternehmer zum Nachdenken. Am Ende seiner Überlegungen stand eine 100 000-DM-Instandsetzung. Seither wird kostenlos Strom geliefert.
Um 1500 DM fällt die monatliche Stromrechnung nun niedriger aus, nachts und an den Wochenenden kann das 30-Kilowatt-Kraftwerk sogar Strom ins Netz des fränkischen Überlandwerkes einspeisen. Bei 18 000 DM Ersparnis im Jahr und verschwindend geringen Wartungskosten wird es nur wenige Jahre dauern, bis sich das Umdenken des aufgeschlossenen Unternehmers finanziell auszahlt. Ein gutes Umwelt-Gewissen hat er als Dreingabe.
Aber es wird natürlich kein großangelegtes Umsteigen der Industrienation Bundesrepublik auf Mühlräder geben. Es gibt, gemessen an unserem riesigen Verbrauch, zuwenig nutzbare Wasserkraft. Weltweit deckt die Wasserkraft zur Zeit immerhin rund 6% des Verbrauchs. Tatsächlich wäre sogar wenigstens das Dreifache möglich.

Ähnliche Geringschätzung wie der Wasserkraft widerfährt der *Erdwärme*, etwas beeindruckender »Geothermalenergie« genannt. Es gibt nämlich an vielen Stellen der Erde oberflächennahe Einschlüsse von sehr heißem Gestein, die manchmal nur zwei bis drei Kilometer tief liegen. 200 bis 300 Grad Celsius kann die Temperatur schon in solch geringen Tiefen betragen. Wo es gelingt, diese Wärme mit Hilfe von Bohrungen »anzuzapfen«, kann der Energiegewinn erheblich sein. So entdeckte ein Pforzheimer Höhlenforscher in der Nähe der württembergischen Stadt Blaubeuren ein von der Erdwärme erhitztes Thermalwasservorkommen, von dem man sich eine nutzbare Leistung von bis zu 50 000 Megawatt verspricht.

Nicht gerade wenig angesichts der etwa 1200 Megawatt, die ein durchschnittliches Atomkraftwerk leistet.

Man muß aber nicht einmal kilometertief graben, wenn man die Wärme der Erde nutzen will. Hält man sich an die Wärme der oberen Erdschichten oder des Grundwassers, so kann der dazu erforderliche Aufwand schon für ein Einfamilienhaus lohnend sein. Eine Wärmepumpe ist fast schon alles, was man dazu braucht.

Um ihre Arbeitsweise zu verstehen, muß man wissen, daß auch Kälte Wärme ist. Physikalisch stellt Wärmeenergie bei niedrigen Temperaturen ganz einfach »kalte Wärme« dar. Genau dies wird in der Wärmepumpe ausgenutzt. Sie ist im Grunde ein umgekehrter Kühlschrank: Während der Kühlschrank drinnen Wärme aufnimmt und sie draußen abgibt, nimmt eine Wärmepumpe draußen Wärme auf und gibt sie drinnen wieder ab. Sie tut das mit Hilfe eines »Arbeitsmittels«, das schon bei niedriger Temperatur Wärmeenergie aufnimmt und verdampft. Das geschieht in einem Verdampfer, der sich im Erdreich, im Grundwasser oder auch in luftiger Höhe auf einem Hausdach befinden kann. In einem Verdichter wird der Dampf zusammengepreßt und dadurch seine Temperatur weiter erhöht. Dann erlaubt man ihm, in einem Wärmetauscher seine Wärmeenergie abzugeben. Ein Ausdehnungsventil ermöglicht ihm anschließend, sich wieder auszudehnen – das Arbeitsmittel wird wieder flüssig. Es wird erneut dem Verdampfer zugeführt – und der Kreislauf beginnt von vorne. Der einzige Punkt des Kreislaufes, an dem Energie zugeführt werden muß, ist der Verdichter. Die als Wärme abgegebene Energie liegt aber rund doppelt so hoch wie die zum Verdichten zugeführte. Das Verfahren ist so wirksam, daß ein sinnvoller Einsatz noch bei Temperaturen weit unter dem Gefrierpunkt möglich ist.

Am zweckmäßigsten ist die Verwendung der Wärmepumpe in Verbindung mit einem herkömmlichen Heizverfahren. Bis etwa minus 5 Grad heizt die Wärmepumpe allein. Sinken die

Temperaturen noch weiter, so braucht man nur seine Gasheizung einzuschalten oder den Kachelofen anzuheizen. Es bleibt warm genug, ohne daß man auf die Verwendung der Wärmepumpe verzichten muß. Man kann in Deutschland damit rechnen, daß eine Wärmepumpe etwa 90 Prozent des jährlichen Wärmebedarfs eines Haushalts deckt.

Auf ähnlich elegante Art läßt sich Energie aus *Biomasse* gewinnen — wobei »Biomasse« nichts anderes ist als ein etwas hochtrabender Begriff für alle pflanzlichen und tierischen Stoffe. Denn Pflanzen und Tierkörper sind ausnahmslos Energieträger. Und anstatt sie einfach verrotten zu lassen, kann man aus ihnen auch Energie gewinnen.
Rein theoretisch könnte allein die sich ständig bildende Pflanzenmasse das Sechsfache des derzeitigen Weltenergieverbrauchs decken, nämlich jährlich $4,8 \times 10^{17}$ Wattstunden. Doch nur ein kleiner Teil dieser gigantischen Menge ist tatsächlich nutzbar. In der Bundesrepublik ist der Anteil besonders gering. Dennoch rechnet man damit, etwa 1% des derzeitigen Energieverbrauchs allein aus der Verbrennung von Holz- und Strohresten gewinnen zu können. Öfen, die Biomasse umweltfreundlich und mit zufriedenstellendem Wirkungsgrad verbrennen, gibt es im Bereich von etwa 20 bis 100 Kilowatt.
Neben dem bloßen Verbrennen, das natürlich ein recht veraltetes Verfahren ist, gibt es andere, mit denen Biomasse noch besser verwertet wird: die Wärme freisetzende Zersetzung von Holz und Müll, das Umwandeln von Pflanzen in Öl, die Erzeugung von Wasserstoff mit Hilfe von Algen, das Vergären von Pflanzen zu Alkohol und das Erzeugen von Biogas durch bakterielle Zersetzung.
Die Nutzung von Biogas ist — entgegen einer weit verbreiteten Auffassung — keine Neuerung unserer Tage. Vielmehr lieferten bundesdeutsche Klärwerke beispielsweise im Jahr 1953 rund 21 Millionen Kubikmeter Biogas für Gasheizungen, Gasherde und methangetriebene Fahrzeuge. Vor allem auf Bauernhöfen

dürfte die Nutzung von Biogas der Weg in die Zukunft sein. Eine einzige Kuh nämlich liefert jeden Tag ein bis zwei Kubikmeter Biogas. Dadurch stellt sie jährlich den Heizwert von etwa 300 Litern Öl zur Verfügung.

Daß sich das gerade genossenschaftlich sehr gut nutzen läßt, beweist seit 1981 eine große Biogas-Anlage im bayerischen Ismaning. Dort kann täglich die Gülle von tausend Rindern verarbeitet werden, dazu die Abfälle der umliegenden Krautfelder. Alle beteiligten Bauern düngen mit den flüssigen Rückständen der Biogasherstellung anstatt mit der Gülle, die sie regelmäßig in der Anlage abliefern; die Düngewirkung ist praktisch die gleiche. In der Biogas-Anlage entwickelt sich durch Einwirkung von Kleinstorganismen ein Gemisch von Methan und Kohlendioxid. Es wird unter einer riesigen Folie in einem Speicherkissen gesammelt, eine Generatoren-Anlage entwickelt daraus 100 Kilowatt Stromleistung.

Nach einer Untersuchung der Ernährungs- und Landwirtschaftsorganisation der Vereinten Nationen könnten sich Europas Bauern durch die verschiedenen Arten der Biogasverwertung ganz allein mit Energie versorgen. Als »Abfall« würden dabei unter anderem Dünger und Kraftfutter übrigbleiben — der Untersuchung zufolge jeweils genug für den Verbrauch des beteiligten Bauernhofes. Allerdings würde das eine Abschaffung der zentralen Energieversorgung bedeuten, wodurch die regionalen Energieversorgungsunternehmen Kunden verlieren würden.

Letzteres gilt für fast alle Arten, Energie auf »andere« Weise zu gewinnen. So auch für die *Windkraft*. Häufig wurde in den letzten Jahren die Meinung geäußert, daß dies der Hauptgrund für den Bau des Growian war. Denn von Anfang an hatten Fachleute Windanlagen mit den riesigen Abmessungen des Growian keine Chance für die Zukunft gegeben.

Der Growian, die »Große Wind-Anlage« auf dem dithmarsischen Kaiser-Wilhelm-Koog, war der Versuch, den gewohnten

Großprojekt-Stil auf die Nutzung der Windkraft zu übertragen. Während nämlich auf der ganzen Welt die Tüftler und Techniker auf mittelgroße und kleine Windräder setzten, sollte der Growian drei Megawatt Strom mit einem einzigen Propeller gewinnen. 1977 begann man mit der Planung, 1981 mit dem Bau. 1983 stand das Wunderwerk endlich. Und genau das tat es denn auch in den Folgejahren — meist zumindest. Einmal entdeckte man Risse in der Nabe, dann liefen die Bremsen heiß, und wieder ein anderes Mal waren plötzlich die Flügelblätter beschädigt. Wegen der häufigen Ausfallzeiten und weil er auch sonst die Erwartungen in keiner Weise erfüllte, wurde der Growian im Juli 1985 für immer abgestellt.

Daß es auch anders geht, zeigten zur gleichen Zeit unsere Nachbarn im Norden. Das kleine Dänemark nämlich baute kleine und mittelgroße Windräder: Etwa 1500 mit Leistungen zwischen 55 und 260 Kilowatt sind heute dort in Betrieb. Dem stehen nicht einmal 400 Windräder in der Bundesrepublik gegenüber — zahlreiche Eigenbauten mitgezählt, deren Bauweise auch nicht annähernd dem Stand der Technik entspricht. Die 16 Windmühlen des dänischen Küstenstädtchens Ebeltoft hingegen sind ausgereift. Sie stehen auf einer 800 Meter weit in die Ostsee hineinreichenden Mole. 13% des Stromverbrauchs in Ebeltoft sollen sie decken; ihr Bau — so rechnet die Stadtverwaltung — dürfte sich nach spätestens sechs Jahren ausgezahlt haben. Vom gesparten Geld kann Ebeltoft dann vielleicht schon den nächsten Windmühlenpark anschaffen.

Wohl kaum werden die Dänen, die bis 1995 10% ihres Stromverbrauchs aus Windenergie decken wollen, das in diese Technik gesteckte Geld in den Wind schreiben müssen. Auf der ganzen Welt gibt es nach ihren Windrädern eine stürmische Nachfrage. Allein in Kalifornien drehen sich über 2000 von ihnen. Insgesamt haben die Dänen schon Anlagen im Wert von 500 Millionen Mark ins Ausland geliefert. Das bedeutet viele gute Arbeitsplätze für das kleine Land — sichere Arbeitsplätze, so scheint es.

Denn nach Berechnungen der Vereinten Nationen würde die nutzbare Windenergie an den Küsten der Erde etwa 350 Milliarden Watt leisten. Damit würde sie rund 300 der 374 weltweit betriebenen Kernkraftwerke überflüssig machen. Eine abstrakte Rechnung natürlich — aber sie macht klar, welche Möglichkeiten vorhanden sind.

Noch größer sind die Möglichkeiten, die uns die *Sonnenenergie* im engeren Sinn bietet. »Im engeren Sinn« soll heißen: Auch Wind und Wasserkraft, selbst Erdöl oder Kohle sind ja Energien, die die Sonne liefert oder geliefert hat — indem sie Luft- oder Wassermassen erwärmt und aufsteigen läßt oder indem sie vor Jahrmillionen Pflanzen beschien, aus denen sich die riesigen Öl- und Kohlevorkommen gebildet haben.
Die Sonne bietet uns täglich aufs neue Energie, die wir nur vernünftig zu nutzen brauchen. Sie liefert der Erde den Tagesverbrauch der ganzen Menschheit innerhalb von nur vier Sekunden. Für die Bundesrepublik entspricht das einer jährlich einfallenden Licht- und Wärmeleistung von 300 Billionen Kilowattstunden — die aber selbstverständlich nur zu einem Teil nutzbar ist. Es gibt zwei grundsätzlich verschiedene Möglichkeiten, die Strahlenenergie der Sonne zu nutzen: Man kann sie in Wärme oder in elektrischen Strom umwandeln.
Für das erste Verfahren genügt im Grunde schon ein in die Sonne gelegter schwarzer Schlauch, durch den man Wasser fließen läßt. Etwas eleganter und erheblich wirksamer geht es mit »Sonnenkollektoren«. Es gibt sie in verschiedenen Bauweisen, der Grundgedanke ist jedoch stets gleich: Man läßt Wasser durch ein sonnenbeschienenes Rohr fließen.
Derartige Sonnenenergiesammler sind die ideale Energiequelle kleinen Maßstabs und selbst für Besitzer kleiner Einfamilien-Reihenhäuser erschwinglich. Sie erhitzen das durch sie geleitete Wasser so stark, daß es den größten Teil des Jahres als Bade-, Dusch- oder Spülwasser dienen kann. In Japan ist bereits jeder zehnte Haushalt damit ausgestattet, in der Bundes-

republik erst jeder tausendste. Dabei sind Anlagen neuester Bauart bereits für rund 3000 DM zu haben; in ihnen befördert sich das Wasser selbst, weil erhitztes Wasser leichter ist und nach oben steigt. Aber auch Anlagen mit eingebauter Pumpe kosten heute oft weniger als 10 000 DM. Selbst diese teureren Sonnenkollektoren haben sich etwa zehn Jahre nach dem Kauf auch wirtschaftlich gelohnt — allein durch niedrigere Öl-, Gas- oder Stromrechnungen.

Mit Sonnenkollektoren ist es nicht anders als mit Wärmepumpen: In unseren Breiten sind sie zur alleinigen Energieversorgung nicht geeignet, zur überwiegenden aber sehr wohl. Angemessen ausgelegte Sonnenkollektoren bringen es übers Jahr auf einen Anteil von zwei Dritteln am Gesamtenergieverbrauch eines Haushaltes.

Das Interesse der gewählten Volksvertreter ist jedoch unterschiedlich. Während der Berliner Senat einen 45%igen Zuschuß zu jedem Sonnenkollektor für angemessen hält, konnte sich die derzeitige Bundesregierung nicht einmal zu einer degressiven Abschreibung durchringen — zu einer steuerlichen Abschreibung also, bei der sich die Anschaffung besonders schnell lohnen würde. Selbst Verbote aufgrund der Bauvorschriften scheuen die Behörden nicht — angeblich weil Sonnenkollektoren Ortsbilder verschandeln.

Auf solche Schwierigkeiten stieß die zweite Art der Sonnenenergienutzung, die Umwandlung in Strom, nicht. Allerdings war die Solarzelle von Anfang an die etwas »noblere« Schwester des Sonnenkollektors. Wie so vieles in der modernen Technik ist sie ein Kind der Raumfahrt. Zu Beginn ihrer Verwendung im All vor fast dreißig Jahren kosteten die kleinen Zellen noch einige tausend Mark. 1977 gab es Solarzellen schon für 100 DM je Watt Leistung zu kaufen. Heute ist man bereits mit 12 DM je Watt dabei. Ob das schon das Ende des Preisrutsches ist, kann niemand wissen. Falls die Verkaufszahlen noch erheblich steigen werden, ist damit allerdings kaum zu rechnen. Denn der Hauptrohstoff ist der gleiche, der auch

Computerbausteine so erstaunlich billig gemacht hat: das Silizium.
Neben den Preisen hat sich auch der Wirkungsgrad der Solarzellen gut entwickelt. Mußte man in den fünfziger Jahren noch damit zufrieden sein, daß 8% des einfallenden Sonnenlichtes in Strom umgewandelt wurden, so bringen es derzeit käufliche Solarzellen immerhin schon auf 14%. Und Wissenschaftler der kalifornischen Stanford-Universität entwickelten gar eine Zelle, die 25% des gebündelt einfallenden Lichtes zu Strom macht. Trotzdem erwarten Fachleute nicht, daß die Entwicklung bei den Solarzellen ähnlich stürmisch verläuft wie die bei den Computerchips. Vermutlich führt zu billigeren Solarzellen nur ein Weg: die Großserie. Doch ob die Bundesrepublik dazu viel beitragen wird, ist fraglich. Denn in Bonn setzt man nach wie vor auf die Atomkraft.

Warum die Entwicklung der »anderen« Energiequellen bei uns nicht so recht von der Stelle kommt, ist daher leicht zu erraten. Und es ist anhand weniger Zahlen zu belegen.
Das zuständige Bundesministerium für Forschung und Technologie bedachte 1985 die Erforschung alternativer Energiequellen mit ganzen 206,7 Millionen DM. Anscheinend war im Forschungsministerium nach den 90 Millionen DM, die man für den Growian hingeblättert hatte, das Geld etwas knapp. Außerdem mußte der Staat ja noch den Schnellen Brüter in Kalkar finanzieren, was ein bißchen teurer als geplant wurde: 7 Milliarden DM kostete das gute Stück bisher. Überhaupt war die ganze Sache mit der Kernkraft schließlich nicht gerade billig: alles in allem 25 Milliarden DM. Da mußte die Förderung der anderen, der alternativen Energien natürlich etwas sparsamer ausfallen. Im Haushalt des Jahres 1985 waren beispielsweise für die Erforschung der Energiegewinnung aus Biomasse stolze 2 Millionen DM enthalten. In diesem Jahr hat also jeder Bundesbürger, vom Wickelkind bis zur Rentnerin, durchschnittlich staatliche 0,04 DM für diese Forschung ausgegeben.

Ein bedeutender Betrag für eine Technik, die uns ein wenig unabhängiger von gefährlichen Energiearten wie der Atomkraft machen könnte!

Das Hauptproblem der Bundesrepublik ist aber ihre dichte Besiedlung. Weil es hier so viele Menschen auf so kleinem Raum gibt, ist es sehr viel schwieriger, sich von harten Energiequellen unabhängig zu machen. In anderen Ländern ist das anders. Der US-amerikanische Bundesstaat Oregon an der Pazifikküste etwa, der der Bundesrepublik in seiner Fläche und im Lebensstandard sehr ähnlich ist, muß nur 2 Millionen Menschen mit Energie versorgen. Ganz klar, daß dort eine völlige Unabhängigkeit von Energiequellen wie Kohle, Öl und Atomkern sehr viel leichter zu bewerkstelligen ist.

Solange unsere Bevölkerungszahl über sechzig Millionen liegt, sollten wir unser Streben nach Energieunabhängigkeit aufgeben. Wir können es uns leisten, Energie aus anderen Ländern zu beziehen — so wie zahlreiche wichtige Rohstoffe. Denn die Verflechtungen dieser Republik ins Weltgefüge sind so vielfach, daß die Abhängigkeit von ausländischen Energiequellen ohnehin nur einen kleinen Teil der gegenseitigen Abhängigkeiten darstellt. Auch heute sind wir von Libyens, von Saudi-Arabiens Ölquellen abhängig, weil die Förderung unseres Landes den Verbrauch nicht deckt. Trotzdem stehen bei uns die Räder nicht still, und Scheichs und afrikanische Oberste haben noch nicht die Macht am Rhein ergriffen.

Wenn wir uns zudem entschließen können, endlich die Fessel einer hoffnungslos veralteten Energiegesetzgebung abzustreifen und die Technik der Energiegewinnung dem Stand von Wissenschaft und Technik anzugleichen, dann braucht uns um die Zukunft nicht bange zu sein.

Vor allem sollten wir uns vielleicht des längst vergessenen Schullehrerspruchs erinnern, der da heißt: »Viele Wenig geben auch ein Viel.« In der Energielandschaft von morgen ist Beweglichkeit gefragt. Geistige Beweglichkeit vor allem. Nur das Nebeneinander vieler verschiedener Lösungen kann unseren

Energiebedarf an vielen verschiedenen Orten mit unterschiedlichen Voraussetzungen lösen. Man wird Stroh verbrennen müssen, wo es Stroh im Überfluß gibt. Wasserräder sollen sich drehen dürfen, wo die Natur es anbietet. Und wer soll uns zwingen, unsere Innenstädte mit Abgasen zu verpesten, wenn es erst kleine und billige Solarautos gibt?
Natürlich, auch die Energiewelt von morgen wird kein Paradies sein. Aber es ist an der Zeit, daß wir uns von unseren selbst auferlegten Zwängen lösen. Wenn wir uns dazu endlich entschließen, dann werden wir morgen das Wort Atommüll wirklich nur noch aus Geschichtsbüchern kennen. Und die Folgen der bedrohlichen Technik zur Atomkraftgewinnung wird nicht die einzige Sorge sein, der wir uns entledigen konnten.
Der erste Schritt in eine rosigere Energiezukunft ist das Umdenken. Wir müssen aufhören, jede neue Idee zur Energiegewinnung, jeden kleinen Anfang und jeden Versuch, es anders zu machen, als »Müsli-Gewäsch« zu verteufeln. Am besten ist es, gleich heute mit dem Aufhören anzufangen.

Begriffe

Kleines Atom-Lexikon von A bis Z

ABC-Alarm: Einminütiges, zweimal unterbrochenes Heulen der Sirenen, daneben Durchsagen im Radio und Fernsehen. Behördenintern auch über das Warnnetz. Wird zur Warnung vor atomarer, biologischer und chemischer Bedrohung ausgelöst.

ABC-Dienst: Fachdienst des Katastrophenschutzes für atomare, biologische und chemische Kampfmittel.

Abbrand: Gewichtsverlust des Reaktorbrennstoffs während des Betriebs. Wird häufig als Maß für die je Gewichtseinheit erzeugte Energie in Megawatt-Tagen je Tonne Uran angegeben.

Absorber: Material, das ionisierende Strahlen aufhält. In Kernreaktor-Regelstäben verwendet man vorwiegend Neutronenabsorber wie Bor, Cadmium und Hafnium. Für Gammastrahlen braucht man Stoffe großer Dichte und hoher Ordnungszahl, etwa Blei, Stahl oder Schwerbeton.

Äquivalentdosis (auch Äquivalenzdosis): Maß für die biologische Wirkung einer Strahlenmenge. Rechnerisch ist sie das Produkt aus der Energiedosis und dem Bewertungsfaktor der jeweiligen Strahlenart. Der Bewertungsfaktor ist für Alphastrahlen gleich 20, für Beta-, Gamma- und Röntgenstrahlen gleich 1. Einheit der Äquivalentdosis ist das Sievert (Sv), die Bezeichnung rem wird amtlich nicht mehr verwendet. Es gilt: 1 Sv = 100 rem.

Aerosol: Gas, das feste oder flüssige Schwebeteilchen enthält.

Aktivität: Die Anzahl der Zerfälle je Zeiteinheit in einem radioaktiven Stoff. Zugehörige Einheit ist das Becquerel (Bq, ein Zerfall je Sekunde). Für die frühere, amtlich heute nicht mehr verwendete Einheit Curie (Ci) gilt: 1 Ci = 3,7 x 10^{10} Bq.

Alpha-Strahlen: Eine der drei Arten radioaktiver Strahlen. Alphastrahlen sind Heliumkerne, bestehen also aus zwei Protonen und zwei Neutronen. Sie werden als Bruchstücke größerer Atomkerne bei der Kernspaltung frei. Von allen Arten radioaktiver Strahlung haben die Alphastrahlen das geringste Durchdringungsvermögen, sie können schon von einem Blatt Papier aufgehalten werden. Dennoch können sie Mensch und Tier sehr gefährden, wenn alpha-strahlende Stoffe in den Körper aufgenommen und ins Zellgewebe eingebaut werden. Vor allem ist die Erbinformation (DNS) in den Körper- und Keimzellen dann bedroht.

Alpha-Strahler: Radionuklide, die Helium-Kerne aussenden.

Aminosäuren: Bausteine, aus denen alle Eiweißmoleküle des Körpers aufgebaut sind.

Anämie: Krankhafter Mangel an rotem Blutfarbstoff.

Anreicherung: Zwei verschiedene Bedeutungen:
1. Erhöhung des Gehaltes an einem bestimmten Isotop im Brennstoff eines Reaktors. Meist handelt es sich dabei um Uran 235. Die wichtigsten Verfahren sind Trenndüsen-, Ultrazentrifugen- und Diffusionstrennverfahren.
2. Ansammlung strahlender Stoffe in Pflanzen, Tieren und Menschen — ganz besonders in einzelnen Organen.

<u>Atom:</u> Kleinstes Teilchen, das noch die kennzeichnenden Eigenschaften eines chemischen Elementes hat. Ist aufgebaut aus dem Atomkern und wenigstens einem, meist aber mehreren Elektronen. Atome sind elektrisch neutral. Ihr Durchmesser beträgt nur den zehnmillionsten Teil eines Millimeters. Das bedeutet, daß ein einziger Tropfen Wasser ungefähr 6.000.000.000.000.000.000.000 (6 Trilliarden) Atome enthält.

<u>Atomforum, Deutsches:</u> Interessenvertretung der deutschen Kernenergie-Wirtschaft. Wirbt seit 1959 mit erheblichem Aufwand für die Nutzung der Atomkraft.

<u>Atomgesetz:</u> Das »Gesetz über die friedliche Verwendung der Kernenergie und den Schutz gegen ihre Gefahren«, in Kraft getreten am 23. 12. 1956. Es regelt im wesentlichen die Zuständigkeiten innerhalb eines Kernkraftwerks, die Schadensvorsorge und die Berücksichtigung des Landschaftsschutzes beim Bau kerntechnischer Anlagen. Auch zur Haftung enthält es eine Vorschrift: Der Besitzer von Kernbrennstoffen, so sagt es, hat für davon verursachte Schäden aufzukommen. Unabhängig davon, wer die Schäden verursacht hat (vgl. auch »Verursacherprinzip«).

<u>Atomhülle:</u> siehe Elektronenhülle.

<u>Atomkern:</u> Innerer Teil eines Atoms, der fast seine gesamte Masse ausmacht. Besteht aus elektrisch positiv geladenen Protonen und, abgesehen vom Wasserstoffkern, aus ungeladenen Neutronen. Atomkerne haben oft einen Durchmesser, der weniger als ein Zehntausendstel des zugehörigen Atom-Durchmessers beträgt.

<u>Atomkommission, Deutsche:</u> Wurde 1956 eingesetzt, um der Bundesregierung zu Fragen der Kernenergie Antworten

zu liefern. Die deutsche Atomkommission teilte sich später in fünf Gruppen, aus denen sich schließlich die Strahlenschutzkommission (SSK) und die Reaktorsicherheitskommission entwickelten. Viele Mitglieder dieser Kommissionen sind Kernenergie-Experten und dementsprechend eng mit der Kernenergie-Wirtschaft und ihren Interessen verbunden. Ihre Arbeit ist daher unter unabhängigen Fachleuten seit Jahren umstritten, was unter anderem zur Gründung der »Alternativen Strahlenschutzkommission« des BUND führte.

Atomkraftwerk: siehe Kernkraftwerk.

Atommasse: Die Summe der Massen von Protonen, Neutronen und Elektronen in einem bestimmten Atom.

Atommeiler: Veraltetes Wort für Kernreaktor.

Atommüll: Verharmlosendes Wort für hochgefährliche, radioaktive Stoffe, die nicht mehr stark genug strahlen, um der Energiegewinnung zu dienen.

Atomwaffensperrvertrag: Internationaler, von der Bundesrepublik unterzeichneter Vertrag, der am 5. März 1970 in Kraft trat. Er sollte die weitere Ausbreitung der Atomwaffen verhindern, was jedoch nicht gelang. Nach dem Auslaufen des Abkommens im Jahr 1995 gibt es keinen Vertrag mehr, der der Bundesrepublik die Herstellung von Atomwaffen untersagt. Kritiker sehen daher einen Zusammenhang zwischen dem Auslaufen des Atomsperrvertrages und der Fertigstellung der umkämpften Wiederaufarbeitungsanlage in Wackersdorf. In Wiederaufarbeitungsanlagen wird unter anderem Plutonium erbrütet, das bei der Herstellung von Kernwaffen verwendet wird.

Aufnahmegebiet: Bereich, in dem nach einer — zum Beispiel atomaren — Katastrophe Vertriebene durch die Behörden untergebracht werden.

Barium (Ba): Metallisches Element, Ordnungszahl 56, mittleres Atomgewicht 137,34. Ein Leichtwasserreaktor enthält Barium 140 mit einer Aktivität von etwa sechs Trillionen Becquerel. Dieser radioaktive Stoff lagert sich in den Knochen des Menschen und in den Eierstöcken der Frau an.

Becquerel (Bq): Einheit der Aktivität. Ein Becquerel entspricht genau einem Zerfall in der Sekunde. Aussagekräftig wird die Größe allerdings erst, wenn zur Zahl der Becquerel Menge, Fläche oder Raum angegeben wird (z. B. 120 Becquerel je Quadratmeter Asphalt). Für das Verhältnis zu der früher amtlich verwendeten Einheit der Aktivität, dem Curie (Ci), gilt:
1 Ci = 37 000 000 000 Bq und
1 Bq = $2,7 \times 10^{-12}$ Ci.

Behördenselbstschutz: Alle Maßnahmen der Amtsleitung, die geeignet sind, das Leben der in dem jeweiligen Amt tätigen Beamten und Angestellten bei Krisen, Kriegen und Katastrophen sicherzustellen.

Belastungspfad: Weg, den ein irgendwo frei gewordener radioaktiver Strahler nimmt, ehe er sich im menschlichen Körper anlagert. Möglich ist das durch Beta- und Gammabestrahlung aus der Luft, Bestrahlung vom Boden her, Einatmen strahlender Stoffe und ihre Aufnahme mit der Nahrung — sei es mit Pflanzen, Tieren oder mit dem Trinkwasser.

Beta-Strahlen: Teilchenförmige Art radioaktiver Strahlen. Beta-Strahlen sind positiv geladene Positronen oder negativ geladene Elektronen. Sie können bis zu zwei Zentimeter tief in menschliches Gewebe eindringen.

Beta-Strahler: Radioaktive Stoffe, die beim Zerfall Positronen oder Elektronen aussenden.

Betrieb, anomaler: Betriebszustand eines Kernkraftwerkes, bei dem Teile der Anlage gestört sind, der Betrieb jedoch ohne Sicherheitsbedenken fortgeführt werden kann.

Betrieb, bestimmungsgemäßer: Normalbetrieb und anomaler Betrieb eines Kernkraftwerks: alle Teile der Anlage arbeiten entweder ungestört oder die Störung ist so geringfügig, daß der Reaktor nach Einschätzung des Betriebspersonals nicht abgeschaltet werden muß.

Betrieb, normaler: Siehe Normalbetrieb.

Bevölkerungsverlegung: Zeitweiliges Unterbringen von Bewohnern besonders gefährdeter Landstriche in »Aufnahmegebieten« im Fall einer Katastrophe.

Bindungsenergie: Energie, die erforderlich ist, um die von den Kernkräften zusammengehaltenen Kernteilchen voneinander zu trennen. Man unterscheidet nach Protonen-, Neutronen- und Elektronenbindungsenergien.

Bq: siehe Becquerel.

Brennelement: Beim Leichtwasserreaktor und beim Schnellen Brüter: Bündel aus Brennstäben. Beim Druckwasserreaktor: Bündel aus Brennstäben mit Führungsrohren für die Regelstäbe. Beim Hochtemperaturreaktor: Graphitkugel oder prismatisches Element, das von einem Graphitmantel umgeben ist.

Brennstab: Metallener Stab, aus dem Werkstoff Zirkaloy gefertigt, der mit Kernbrennstoff — meist Uran — gefüllt ist. Brennstäbe sind fingerdick und etwa vier Meter lang.

Brennstoffkreislauf, nuklearer: Irreführender Begriff für den Weg des Kernbrennstoffs aus der Erde über das Atomkraftwerk bis zur sogenannten Endlagerung.

Brennstofftablette (auch Pellet): Wird unter hohem Druck aus den pulverförmigen Kernbrennstoffen — meist Urandioxid oder Plutoniumdioxid — geformt. Mehrere Hundert Brennstofftabletten werden zu den etwa vier Meter langen Brennstäben zusammengefaßt.

Brüten: Umwandeln von Isotopen, die nicht spaltbar sind, in spaltbare. Das geschieht durch das Einfangen von Neutronen und anschließende radioaktive Zerfälle. Ausgangsstoffe sind meist Thorium 232 und Uran 238, Endstoffe Uran 233 und Plutonium 239.

Cäsium (Cs): Metallisches Element. Ordnungszahl 55, relative Atommasse 132,91. Die radioaktiven Isotope Cäsium 134 und Cäsium 137 entstehen in Kernkraftwerken. Diese beiden Stoffe werden vor allem in der Milch sowie in menschlichem und tierischem Muskelgewebe angesammelt. Die Ursache ist, daß Cäsium für den Körper kaum von Kalium zu unterscheiden ist, an dessen Stelle es deshalb eingebaut wird.

Ci: siehe Curie.

Curie (Ci): Amtlich seit dem 31. 12. 1985 nicht mehr verwendete Einheit für die Aktivität. Seither durch das Becquerel (Bq) ersetzt. Ein Radionuklid hat eine Aktivität von einem Curie, wenn innerhalb einer Sekunde $3,7 \times 10^{10}$ Kerne zerfallen. Ebenso wie das Bequerel muß die Zahl der Curies mit Menge, Fläche oder Raum angegeben werden, um vergleichbar zu sein.

Dekontamination: siehe Entseuchen.

Desoxyribonukleinsäure: siehe DNS.

Deuterium (D, H2): Überschwerer Wasserstoff, Isotop mit der doppelten Masse des normalen Wasserstoffs. Bestandteil des »schweren Wassers«. Spielt eine wichtige Rolle bei der Kernfusion.

Deuteron: Der einfachste aller zusammengesetzten Atomkerne. Besteht aus einem Proton und einem Neutron.

DNS: Desoxyribonukleinsäure (engl.: DNA). Sie ist Trägerin der Erbinformation und besteht aus zwei spiralig verdrehten Strängen von Zucker-, Phosphorsäure und Basenmolekülen, der »Doppelhelix«. Vier verschiedene Basen ermöglichen das Kopieren des Erbgutes: Adenin, Cytosin, Guanin und Thymin. Wird auch nur ein kleiner Teil der DNS geschädigt, so können nicht wieder gutzumachende Schäden an Organen und Erbanlagen entstehen. Strahlen können die DNS erheblich schädigen, unter Umständen genügt dazu ein einziger radioaktiver Zerfall.

Dosimeter: Meßgerät, mit dessen Hilfe die Äquivalent-, Energie- oder Ionendosis ermittelt werden kann. Solche Meßgeräte sind etwa Film-, Thermoluminiszenz- und Phosphatglasdosimeter sowie Ionisationskammern.

Dosis: Siehe Strahlendosis.

Dosisfaktor: Feste Größe, mit deren Hilfe sich aus der Aktivität eines aufgenommenen Isotops die Äquivalenzdosis errechnen läßt.

Dosisgrenzwert: Nach Ermessen festgelegtes Höchstmaß an ionisierender Strahlung, unterhalb dessen sie angeblich nicht mehr »unzulässig« gesundheitsgefährdend ist. Tatsächliche

Schwellenwerte gibt es nicht. Ob geringe Strahlenmengen gefährlicher oder weniger gefährlich sind als hohe, ist umstritten.

Dosisleistung: Strahlendosis je Zeiteinheit. Man unterscheidet Äquivalenzdosisleistung, Energiedosisleistung und Ionendosisleistung.

Druckbehälter: siehe Reaktordruckbehälter.

Druckwasserreaktor: Häufigster Reaktortyp, eine Bauart des Leichtwasserreaktors. Die Brennstäbe dieses Typs werden von Wasser gekühlt, das dadurch auf etwa 300 Grad Celsius erhitzt wird. Es entsteht ein Druck von 150 bar, wodurch das Wasser am Verdampfen gehindert wird und im flüssigen Zustand bleibt.

DWK: Deutsche Gesellschaft für die Wiederaufbereitung von Kernbrennstoffen. Ist ein Zusammenschluß mehrerer Unternehmen der Elektrizitätsversorgung. Stellte 1983 bei der Bayerischen Staatsregierung den Antrag auf Errichtung der Wiederaufarbeitungsanlage in Wackersdorf und begann 1985 mit deren Bau. In den Vorständen der Elektrizitätsversorgungsunternehmen, die die DWK bilden, sitzen zahlreiche bekannte Politiker.

Einspruchsverfahren: Gibt jedem Bürger der Bundesrepublik Deutschland das Recht, gegen die Errichtung einer kerntechnischen Anlage Einspruch zu erheben. Aus diesem Grund müssen sowohl der Genehmigungsantrag als auch Gutachten zur Sicherheit der Anlage öffentlich ausgelegt werden. Seit immer mehr Bürger von ihrem Einspruchsrecht Gebrauch machen, ist unter Politikern und Kraftwerksbetreibern immer stärker eine Beschneidung des Einspruchsrechts zur »Verwaltungsvereinfachung« ins Gespräch gekommen.

Elektron: Bestandteil eines Atoms. Es umkreist den Atomkern in der Art eines Planeten, der sich um seine Sonne bewegt. Elektronen haben eine erheblich geringere Masse als Protonen und Neutronen. Sie sind elektrisch negativ geladen.

Elektronenhülle: Gesamtheit der Elektronen, die einen Atomkern umfliegen und zusammen mit ihm das Atom bilden. Beim leichten Wasserstoff besteht die Hülle nur aus einem einzigen Elektron, beim sehr viel schwereren Uran hingegen aus 92 Elektronen.

Elektronenvolt: siehe Elektronvolt.

Elektronvolt (eV, auch Elektronenvolt): Atomphysikalische Energieeinheit. Sie ist definiert als die Bewegungsenergie, die ein Elektron im Vakuum beim Durchlaufen einer Spannungsdifferenz von einem Volt erhält.

Element: Chemisch ungebundener Grundstoff. Jedes Element hat die gleiche Zahl von Protonen und daher die gleiche Ordnungszahl. Die Anzahl der Neutronen ist jedoch bei den verschiedenen Isotopen ein und desselben Elements unterschiedlich, so daß nur ein mittleres Atomgewicht angegeben werden kann.

Elementarteilchen: Die kleinsten derzeit bekannten Teilchen: Protonen, Neutronen, Elektronen, Positronen, Myonen, Photonen, Neutrinos und Mesonen. Elementarteilchen sind nicht unveränderbar, sondern können sich ineinander verwandeln.

Emission: Auswurf von Schadstoffen, bei kerntechnischen Anlagen der Ausstoß radioaktiver Stoffe in ihre Nachbarschaft.

Endenergie: Diejenige Energie, die vom Kunden eines Kraftwerks tatsächlich verwendet wird. Sie ist zu unterscheiden von der aufgewandten Primärenergie, also dem Energie-Gehalt der natürlichen Energieträger. Die aufgewandte Energie ist stets höher als die nachher zum Verbrauch verfügbare. In welchem Maß, das hängt vom Wirkungsgrad der angewandten Verfahren ab. Meist geht weitaus mehr Energie auf dem Weg zum Verbraucher verloren, als er selbst verwendet.

Endlager: Ort, an dem radioaktive Stoffe aufbewahrt werden sollen, bis ihre Strahlungsaktivität nicht mehr schädlich ist. Angeblich sind Salzstöcke hierfür geeignet.

Endlagerung: Abstellen radioaktiver Stoffe an vermeintlich sicheren Orten. Bei den teilweise erdgeschichtlich langen Zerfallszeiten ist der Begriff überaus fragwürdig.

Energiedosis: Maß für die Energie, die von ionisierender Strahlung je Masseneinheit übertragen wird. Zugehörige Einheit ist das Gray (Gy), das einem Joule je Kilogramm (J/kg) entspricht. Die früher gebräuchliche Einheit Rad (Rd) soll nicht mehr verwendet werden, es gilt jedoch: 1 Gy = 100 Rd. Die Energiedosis sagt – im Gegensatz zur Äquivalentdosis – nichts über die Art der Strahlung aus.

Energiewirtschaftsgesetz: Gesetz aus dem Jahre 1935, das noch heute fast unverändert gilt. Betrachtet Energiewirtschaft fast ausschließlich unter dem Blickwinkel jener Zeit, als es den Begriff Energieknappheit noch nicht gab. Enthält daher unter anderem das Gebot, preisgünstigen Strom in ausreichender Menge bereitzustellen. Wird deshalb häufig als Begründung für das Errichten neuer Kraftwerke herangezogen, die – sobald sie gebaut sind – ihrerseits als Begründung für verbrauchsfördernde Strompreise benutzt werden, damit der von ihnen gelieferte Strom überhaupt verwendet wird.

Entseuchen (auch Dekontamination): Entfernen strahlender Stoffe von Gegenständen, Pflanzen oder Lebewesen, die radioaktiv verseucht wurden. Geschieht beispielsweise durch Abbürsten, Abwaschen oder chemische Reinigung. Luft muß gefiltert werden, dem Wasser werden strahlende Teilchen durch Verdampfen oder chemisches Ausfällen entzogen.

Entsorgung: Verdrängung der schwer lastenden Sorge, was mit teilweise Jahrmillionen strahlendem radioaktivem Abfall zu tun ist. Entsorgung kann immer nur Lagerung bedeuten, weil ein Beseitigen radioaktiver Stoffe nicht möglich ist. In der Sprache der Kraftwerksbetreiber umfaßt Entsorgung alle Anlagen und Verfahren zum Zwischenlagern, Wiederaufarbeiten, Rückführen und »Endlagern« abgebrannter Kernbrennstoffe.

Entstrahlen: Nicht etwa das restlose Beseitigen strahlender Stoffe von Gegenständen oder Lebenwesen, sondern: 1. Waschen mit Wasser oder Lösungsmitteln, bis die Verstrahlung verringert oder fast beseitigt ist; 2. Stehenlassen der Gegenstände, bis sich die Strahlung von selbst verringert hat; 3. Abdecken, damit die Strahlung abgeschwächt wird.

EURATOM: 1957 gegründeter Zusammenschluß der Mitgliedstaaten der Europäischen Gemeinschaft zum Zweck der Bildung und Entwicklung von Kernindustrien. Ihr Sitz ist Brüssel.

eV: siehe Elektronvolt.

Evakuierung: Unterbringung von Bewohnern besonders gefährdeter Zonen in weniger gefährdeten Gebieten. Bei einem GaU in der Nähe dichtbesiedelter Gebiete kann es sein, daß eine Evakuierung der am stärksten Betroffenen nicht mehr möglich ist und vielmehr verhindert wird. Maßnahmen dieser Art ermöglichen die Notstandsgesetze.

Extrapolation: Versuch der Übertragung von Meßwerten mittels Rechenverfahren in einen Bereich, in dem Messungen nicht möglich sind oder aus dem es keine Erfahrungswerte gibt.

Fallout: Radioaktiver Niederschlag nach Atomwaffen-Explosionen und nach Atomreaktor-Störfällen. Dabei gelangen sehr kleine strahlende Teilchen in die Atmosphäre und verteilen sich in der Regel um den gesamten Erdball. Einige der Teilchen strahlen nach einigen Wochen kaum noch, andere noch nach Jahrtausenden unverändert stark.

Fusion: siehe Kernfusion.

GaU: *Größter anzunehmender Unfall* in einem Kernkraftwerk. Wird heute beschwichtigend »Auslegungsstörfall« genannt, weil ein Kernkraftwerk in der Bundesrepublik so ausgelegt sein muß, daß es einen derartigen Störfall noch »beherrscht«. Ein GaU ereignet sich zum Beispiel beim gleichzeitigen beidendigen Bruch der Hauptkühlmittelleitung, wodurch der Reaktorkern schmelzen kann. Wesentlich ist, daß ein GaU tatsächlich gar nicht der größte überhaupt mögliche Unfall ist, sondern nur der größte Unfall, der vom Kraftwerkbetreiber »angenommen« werden muß.

Gammadosisleistung: Häufig ermittelter Meßwert, mit dem die Gammastrahlendosis je Zeiteinheit erfaßt wird. Ist jedoch zum Erkennen kurzzeitiger Strahlungsschwankungen wenig geeignet, weil in der Gammadosisleistung die starke Hintergrundstrahlung aus der Luft und aus der Erdkruste enthalten ist. Da Gammastrahlen bis zu tausend Meter weit reichen und daher auf diese Entfernung mitgemessen werden, ist eine örtlich begrenzte Erhöhung kaum zu erfassen.

Gammastrahlen: Die einzige der drei Arten radioaktiver Strahlung, die nicht aus Teilchen besteht. Gammastrahlen sind sehr energiereiche elektromagnetische Wellen, die von zerfallenden Atomkernen ausgesandt werden. Ihre Energie liegt meist zwischen 0,1 und zehn Mega-Elektronvolt. Sie bewegen sich mit Lichtgeschwindigkeit und sind wesentlich durchdringender als Röntgenstrahlen. Der menschliche Körper stellt für sie keinerlei Hindernis dar. Nur Stoffe sehr hoher Dichte können sie überhaupt bremsen. Blei muß dazu wenigstens zwanzig Zentimeter, Beton über einen Meter dick sein.

Ganzkörperdosis: Mittelwert der Äquivalentdosis, die den menschlichen Körper trifft, wobei Unterschenkel und Unterarme ausgenommen werden. Man geht bei der Ermittlung der Ganzkörperdosis davon aus, daß die den Körper treffenden Strahlen gleichmäßig verteilt sind.

Ganzkörperzähler: Leicht irreführende Bezeichnung für ein Meßgerät, das zwar die vom Körper ausgehende Gammastrahlung erfaßt, nicht aber die Strahlung der in den Körper gelangten Alpha- und Betastrahler mit ihren relativ geringen Reichweiten.

Ganzkörperbestrahlung: Gesamtheit der auf den Körper einwirkenden ionisierenden Strahlung.

Geigerzähler: Gerät zum Messen der Strahlungsintensität, richtiger: Geiger-Müller-Zähler. Besteht vor allem aus einem gasgefüllten Zählrohr, in dem sich ein stromdurchflossener Draht befindet. Jeder radioaktive Zerfall im Rohr ergibt eine elektrische Entladung, die gemessen wird und das charakteristische »Krächzen« des Geigerzählers bewirkt.

Graphit: Kristalline Form des Kohlenstoffs mit sehr guter Wärmeleitfähigkeit. Wird daher in gasgekühlten Hochtemperaturreaktoren als Brennelementumhüllung verwendet. Man spricht daher auch von »graphitmoderierten« Reaktoren.

Gray (Gy): Einheit der Energiedosis. Gibt die Menge an Energie an, die ein bestrahlter Körper aufgenommen hat. Die Art der Strahlung bleibt dabei unberücksichtigt. Verglichen mit der früher gebräuchlichen Einheit Rad (Rd) gilt: 1 Gy = 100 Rd.

Grenzwert: Höchstwert der Strahlenbelastung, der auch im ungünstigsten Einzelfall nicht überschritten werden soll. Grenzwerte sind nach §45 der Strahlenschutzverordnung 30 Millirem jährlich für den ganzen Körper und ebensoviel für die Keimdrüsen. Höchstens 180 Millirem sieht die Verordnung für Haut und Knochen vor, für die übrigen Organe 90 Millirem. Auch wenn die Strahlenbelastung eines Menschen unter diesen Grenzwerten liegt, bedeutet das nicht, daß die Strahlen seiner Gesundheit nicht schaden.

GSF: Gesellschaft für Strahlen- und Umweltforschung in Neuherberg bei München. Einrichtung, die zu 90% aus dem Bundeshaushalt und zu 10% aus dem bayerischen Haushalt finanziert wird. Kritiker mißtrauen gelegentlich den Verlautbarungen der GSF, weil sie eine zu große Abhängigkeit von den staatlichen Stellen vermuten.

Gy: siehe Gray.

Halbwertzeit: Gibt an, nach welcher Zeit von einem radioaktiven Stoff noch die Hälfte übrig ist. Siehe Halbwertzeit, biologische; siehe Halbwertzeit, effektive; siehe Halbwertzeit, physikalische.

Halbwertzeit, biologische: Zeitraum, in dem ein Lebewesen eine in seinem Körper enthaltene Menge an radioaktiven Stoffen allein durch Stoffwechsel auf die Hälfte zu vermindern vermag.

Halbwertzeit, effektive: Zeitspanne, innerhalb der eine gegebene Menge radioaktiver Stoffe in einem Lebewesen auf die Hälfte verringert wird. Dabei tragen sowohl radioaktiver Zerfall als auch Stoffwechsel zur Verminderung bei, weshalb die effektive Halbwertzeit niedriger liegt als die physikalische und die biologische.

Halbwertzeit, physikalische: Zeitraum, innerhalb dessen ein radioaktiver Stoff zur Hälfte zerfallen ist. Die physikalische Halbwertzeit ist für das jeweilige Isotop eines Elements charakteristisch und kann durch Eingriffe von außen nicht verändert werden.

Hauptschutzraum: Privater Bunker, der nicht weiter als 150 Meter von der Wohnung des Besitzers entfernt ist.

Helium (He): Element aus der Gruppe der Edelgase. Seine Ordnungszahl ist 2, die mittlere Atommasse 4,002. Der Kern besteht aus zwei Protonen und zwei Neutronen, er wird von zwei Elektronen umkreist. Wird unter anderem in Kernreaktoren als Kühlgas verwendet.

Heliumkern: siehe Alphastrahlen.

Hintergrundstrahlung: Die in einer Umgebung vorhandene Strahlung. Verfälscht unberücksichtigt bei der Untersuchung einer Strahlenquelle das Meßergebnis um so stärker, je mehr sie im Vergleich dazu ins Gewicht fällt.

Hochtemperaturreaktor: Reaktortyp, der prismatische oder kugelige Uran-Thorium-Brennelemente enthält, die von einem Graphitmantel umgeben sind. Der Thorium-Hochtemperaturreaktor in Hamm-Uentrop etwa arbeitet mit 675 000 faustgroßen Graphitkugeln. Zur Kühlung verwendet man in Hochtemperaturreaktoren das Edelgas Helium, das auf annähernd 1000 Grad Celsius erhitzt wird. Der Wirkungsgrad liegt im Hochtemperaturreaktor bei etwa vierzig Prozent und damit um rund ein Viertel höher als bei Druckwasserreaktoren.

Höhenstrahlung: Teil der kosmischen und damit der natürlichen Strahlung. Beträgt auf Meereshöhe etwa dreißig Millirem jährlich, auf hohen Bergen teilweise über 100 Millirem im Jahr.

ICRP: Internationale Strahlenschutzkommission. Schlug ein neues Modell zur Berechnung der Dosisfaktoren vor. Die Ergebnisse dieses Rechenverfahrens verbessern zwar nicht die Heilungs-Chancen bei Strahlenkranken, liefern aber bessere rechnerische Werte.

Immission: Belastung eines Gebietes mit Schadstoffen als Ergebnis verschiedener Emissionen.

Ingestion: Aufnahme radioaktiver Stoffe durch Essen und Trinken. Mit fester und flüssiger Nahrung nimmt der Mensch in der Regel die meisten strahlenden Stoffe auf. Sie werden über Magen und Darm in den Körper eingebaut.

Inhalation: Gewählter Ausdruck für das Einatmen strahlender Teilchen. Sie werden zunächst in der Lunge angelagert und dann über den Blutkreislauf weiterverteilt. Neben der Aufnahme mit der Nahrung wichtigster Weg, auf dem Alpha- und Betateilchen in den Körper gelangen.

Inkorporation: Fachwort für das Aufnehmen strahlender Stoffe in den Körper. Dabei spielt es keine Rolle, auf welchem Weg sie aufgenommen werden.

Ion: Elektrisch positiv oder negativ geladenes Atom.

Ionendosis: Bezeichnet die Anzahl der durch Strahlung erzeugten Ionen und damit die elektrische Ladung einer durchstrahlten Masse. Einheit der Ionendosis ist Coulomb je Kilogramm (C/kg). Die Benennung Röntgen (R) wird amtlich nicht mehr verwendet. Es gilt jedoch: 1 R = 2,58 x 10^{-4} C/kg.

Ionisation (auch Ionisierung): Umwandlung elektrisch neutraler Atome in geladene durch Abgabe oder Aufnahme von Elektronen. Ionisation kann durch Erhitzen, elektrischen Strom oder energiereiche Strahlung hervorgerufen werden.

Isotop: Eine bestimmte der verschiedenen Atomarten eines Elements. Zwar haben alle Isotope eines Elements die gleiche Zahl von Protonen und Elektronen, die Zahl der Neutronen kann jedoch voneinander abweichen. Verschiedene Isotope eines Elements haben daher zwar die gleiche Ordnungszahl, ihre Atomgewichte sind aber voneinander verschieden.

Jod (J): Nichtmetallisches Element mit der Ordnungszahl 53 und der mittleren Atommasse 126,9. Nur das Jod 127 ist stabil. Für den Menschen ist Jod als Spurenelement lebenswichtig, es wird vor allem in der Schilddrüse eingebaut. Die Isotope Jod 129 und Jod 131 entstehen als Spaltprodukte in Atomreaktoren und sind für den menschlichen Körper nicht vom nichtstrahlenden Isotop zu unterscheiden. Sie werden über die Atmung und vor allem mit der Milch aufgenommen: die Hälfte des Jods, das sich in einem Kilogramm radioaktiv belasteten Futters befunden hat, wird über die Milch weitergegeben.

Katastrophenschutz: Gesamtheit der privaten und öffentlichen Einrichtungen, die Aufgaben zur Minderung oder, falls möglich, Beseitigung von Schäden katastrophalen Ausmaßes übernehmen.

Kernbrennstoff: Material, das spaltbare Isotope enthält und in Atomreaktoren zur Energiegewinnung mittels der nuklearen Kettenreaktion verwendet wird. Zu den spaltbaren Isotopen gehören Uran 233, Uran 235 und Plutonium 239.

Kernfusion: Gegenstück zur Kernspaltung. Bei der Kernfusion werden zwei Atomkerne mit niedriger Massenzahl zu einem Kern mit größerer Massenzahl verschmolzen, beispielsweise die Wasserstoffisotope Deuterium und Tritium zu Helium. Die Temperatur muß dazu etwa 100 Millionen Grad betragen. Derzeit befindet sich die Kernfusion noch in der Entwicklung. Mit ihrem Einsatz zur Energiegewinnung ist nicht vor dem Jahr 2020 zu rechnen.

Kernladungszahl: siehe Ordnungszahl.

Kernkraftwerk: Bauwerk, in dem mittels Atomkernspaltung Wasser oder flüssiges Helium erhitzt wird. Dieser Vorgang findet im Reaktor-Teil des Kraftwerks statt. Im herkömmlichen Teil des Kraftwerks wird die Wärmeenergie der erhitzten Stoffe – meist mittels Turbinen – in Strom umgewandelt. Weltweit sind derzeit 374 Kernkraftwerke in Betrieb.

Kernkraftwerks-Betreiber: Meist privatwirtschaftlich organisiertes Unternehmen, das in einem Atomkraftwerk Energie erzeugt und sie als Strom an seine Kunden verkauft. Meist sind die regionalen Energieversorgungsgesellschaften an diesen Unternehmen beteiligt.

Kernreaktor: Wichtigster Teil eines Kernkraftwerks. Dort wird die Kernenergie in Strahlungsenergie und diese schließlich in Wärmeenergie umgewandelt. Die wichtigsten Reaktortypen sind Leichtwasserreaktor (also Druckwasser- und Siedewasserreaktor), Schwerwasserreaktor, »Schneller Brüter« und Hochtemperaturreaktor. Kernreaktoren enthalten zahlreiche

Einrichtungen, mit deren Hilfe die atomare Kettenreaktion — die sich nicht grundsätzlich von dem Vorgang in einer Atombombe unterscheidet — gesteuert, vor allem also verlangsamt werden kann.

Kernreaktorfernüberwachungssystem (Kfü):

Einrichtung, die die in einem Atomkraftwerk freiwerdende radioaktive Strahlung unabhängig von den Betreibern mißt und die Werte an eine zentrale Kontroll-Dienststelle übermittelt.

Kernspaltung:

Spaltung eines Atoms mit hoher Massenzahl durch Beschuß mit Neutronen. Dabei bilden sich zwei Bruchstücke mittelhoher Massenzahl und es werden zwei oder drei energiereiche Neutronen frei. Die Energie dieser Neutronen wird in Atombomben und Kernkraftwerken genutzt.

Kernstrahlen:

Alle Strahlen, die von Atomkernen ausgesandt werden: Alpha-, Beta-, Gamma- und Neutronenstrahlen.

Kettenreaktion:

Sich selbst fortsetzende Reaktion. Bei der atomaren Kettenreaktion werden aus Atomen Neutronen frei, die ihrerseits aus Atomen Neutronen herausschlagen. Schlägt im Durchschnitt ein freigewordenes Neutron mehr als ein Neutron aus anderen Atomen heraus, so kommt es zur Kettenreaktion, und es wird Energie frei.

keV:

1000 Elektronvolt.

Körperdosis:

Oberbegriff für Teil- und Ganzkörperdosis.

Kontamination:

Harmlos klingende Bezeichnung für die Verseuchung von Menschen, Tieren oder Sachen mit radioaktiven Stoffen.

Konversion:

siehe Brüten.

<u>Kritikalität:</u> Eigenschaft einer spaltbaren Masse. Gibt an, ob darin eine nukleare Kettenreaktion stattfinden kann.

<u>kritisch:</u> Zustand einer spaltbaren Masse. Sagt aus, daß durchschnittlich ein freies Neutron gerade ein anderes Neutron aus einem Atom herausschlägt, ehe es die spaltbare Masse verläßt.

<u>Krypton (Kr):</u> Edelgas mit der Ordnungszahl 36 und der mittleren Atommasse 83,80. Die in Atomkraftwerken enthaltenen Isotope Krypton 85 und Krypton 88 haben je Reaktor eine Aktivität von etwa drei Trillionen Becquerel. Wird Krypton vom Menschen aufgeommen, so wird es vor allem in der Lunge und in den Eierstöcken eingebaut.

<u>Kühlmittel:</u> Stoff in einem Kernreaktor, der die bei der Kettenreaktion erzeugte Wärme abführt. Als Kühlmittel verwendet man vor allem Wasser, flüssiges Natrium, Helium und Kohlendioxid.

<u>Kühlsystem:</u> Besteht aus dem Primär-Kühlkreislauf und dem Sekundär-Kühlkreislauf. Mit dem Primär-Kühlmittel wird die Wärme vom Reaktorkern weggeführt. Ohne direkte Berührung erhitzt es das Sekundär-Kühlmittel, das dann im herkömmlichen Teil des Kernkraftwerks zumeist Turbinen antreibt.

<u>Kugelhaufenreaktor:</u> Durch Gas gekühlter Hochtemperaturreaktor mit kugelförmigen Brennelementen. Im Reaktorkern sind die Brennelemente zusammen mit der Steuerung dienenden Graphitkugeln zu einem riesigen Haufen aufgeschüttet.

<u>Leichtwasserreaktor:</u> Bezeichnung für alle mit gewöhnlichem Wasser (H_2O) betriebenen Reaktoren. Das trifft sowohl für Druckwasser- als auch für Siedewasserreaktoren zu.

<u>Letaldosis:</u> Diejenige Strahlenmenge, die tödlich wirkt. Liegt für den Menschen bei etwa vier Gray.

<u>Leukämie:</u> Blutkrebs. Krankheit, die unter anderem durch radioaktive Strahlung verursacht wird.

<u>Masse, kritische:</u> Mindestmenge an spaltbarem Material, die für eine nukleare Kettenreaktion erforderlich ist. Wird die kritische Masse unterschritten, so wird die Zahl der freiwerdenden Elementarteilchen immer kleiner, weil sie die spaltbare Masse verlassen, ehe sie einen Atomkern getroffen haben – die Reaktion kommt dadurch von selbst zum Stillstand.

<u>Massenzahl:</u> Gibt die Zahl der Kernteilchen, also der Protonen und Neutronen, in einem Atom an. Wird entweder hinter das chemische Symbol oder als Hochzahl davor gesetzt.

<u>Megawatt:</u> 1 Million Watt.

<u>Meson:</u> Geladenes Teilchen, dessen Masse zwischen der eines Elektrons und der eines Protons liegt. Myonen sind nicht stabil und treten als Teil der kosmischen Strahlung auf.

<u>Millirem:</u> Ein tausendstel rem.

<u>Moderator:</u> Stoff, der die energiereichen, bei der Kernspaltung freiwerdenden Neutronen bremst. Mit seiner Hilfe kann die Kettenreaktion gesteuert werden. Die Aussicht der freien Neutronen, einen spaltbaren Atomkern zu treffen, wird um so geringer, je mehr Moderator sich zwischen den Brennelementen befindet. Man verwendet dafür unter anderem Graphit, Polyätylen, Beryllium und schweres Wasser.

<u>**moderieren:**</u> Das Steuern der atomaren Kettenreaktion mittels eines Moderators.

mrem: siehe Millirem.

Mutation: Bleibende Veränderung des Erbgutes in der DNS. Kann bei Körperzellen zu Krebs führen, bei Keimzellen zu Mißbildungen der Nachkommen — oft erst nach mehreren Generationen.

MW: siehe Megawatt.

MWe: Eine Million Elektronvolt.

Myon: Seine Gestalt wandelndes Elementarteilchen mit der mehr als 200-fachen Masse eines Elektrons. Ist als durchdringender Teil in der Höhenstrahlung enthalten.

Nahrungskette: Herausgegriffener Teil des Nahrungskreislaufs. Meist: Futterpflanze — Schlachttier — Mensch.

Nahrungskreislauf: Sich ständig wiederholender Rundlauf der Nährstoffe: Boden — Pflanze — Tier — (Mensch) — Boden. Ist im Zusammenhang mit Radioaktivität interessant, weil einmal in die Umwelt gelangte strahlende Teilchen so lange immer wieder in andere Lebewesen eingebaut werden, bis sie vollständig zerfallen sind.

Natrium (Na): Metallisches Element: Ordnungszahl 11, mittlere Atommasse 22,99. Wird in schnellen Brutreaktoren als Kühlmittel verwendet.

Neutron: Bestandteil des Atomkerns. Ebenso schwer wie ein Proton, jedoch elektrisch neutral.

Normalbetrieb: Zustand eines Kernkraftwerks, solange alle Teile der Anlage ungestört arbeiten.

Notkühlsystem: Zusätzliche Kühleinrichtung, die die Wärmeableitung übernehmen soll, wenn das Hauptkühlsystem bei einem Störfall nicht mehr arbeitet.

Notstand, innerer: Gesellschaftliche Lage, die den Bestand der freiheitlich-demokratischen Grundordnung gefährdet. Gibt der Bundesregierung die Möglichkeit, mehr als sonst in die Freiheit des Einzelnen einzugreifen.

Notstand, äußerer: Bedrohung der Bundesrepublik mit Waffengewalt.

Notstandsverfassung: 17. Ergänzungsgesetz zur Änderung der Verfassung und alle Bestimmungen der Verfassung, die den äußeren und inneren Notstand betreffen. Rechtsgrundlage für besondere staatliche Befugnisse zur Einschränkung der Grundrechte.

nuklear: Den Atomkern betreffend.

Nukleon: Bestandteil des Atomkerns, also Proton oder Neutron.

Nukleonenzahl: siehe Massenzahl.

Nuklid: Atom, das durch Ordnungs- und Massenzahl, also die Zahl seiner Protonen und Neutronen, gekennzeichnet ist. Derzeit sind von den 109 Elementen mehr als 2500 Nuklide bekannt.

Ordnungszahl: Gibt die Zahl der Protonen und Elektronen eines Atoms an. Kennzeichnet daher ein chemisches Element, von dem es jedoch verschiedene Isotope gibt, die sich durch die Massenzahl — und damit die Zahl der Neutronen unterscheiden.

Organdosis: Mittelwert der Äquivalentdosis für ein bestimmtes Organ. Soll nach dem Willen der Internationalen Strahlenschutzkommission künftig durch »Wichtungsfaktoren« so verändert werden, daß sie um etwa neunzig Prozent niedriger erscheint.

Ortsdosis: An einem bestimmten Ort ermittelte Äquivalentdosis.

Partialdosis: Teildosis.

Pellet: siehe Brennstofftablette.

Personendosis: Äquivalentdosis, die an einer als durchschnittlich bestrahlt angesehenen Stelle der Körperoberfläche gemessen wird.

Plasma: Elektrisch neutrales Gas, das überwiegend aus Ionen, Elektronen und nicht geladenen Elementarteilchen besteht. Entsteht im Kernfusionsreaktor und ist elektrisch leitend.

Plutonium (Pu): Radioaktives, metallisches Element mit der Ordnungszahl 94. Kommt in der Natur kaum vor und wird meist in Kernreaktoren »erbrütet«. Vor allem das Isotop Plutonium 239 dient als Kernbrennstoff, es hat eine Halbwertzeit von 24 360 Jahren. Plutonium kann sich — von Kernkraftwerken ausgestoßen — in den Lungen des Menschen anlagern.

Positron: Positiv geladenes Gegenstück zum Elektron. Hat dieselbe Masse wie ein Elektron und wird beim Beta-Zerfall einiger Isotope ausgesandt.

Primärenergie: Die in den natürlichen Energieträgern enthaltene Energie.

Primärenergieträger: Stoff oder Quelle, aus dem oder der sich Energie gewinnen läßt. Man unterscheidet fossile, also ausgegrabene (Kohle, Erdöl, Erdgas), nukleare (Atomkerne) und regenerative, also erneuerbare (Sonne, Wind, Wasserkraft, Erdwärme) Primärenergieträger.

Primärkühlmittel: Radioaktiv verseuchter Stoff, der die bei der Kernspaltung entstehende Wärme aufnimmt und an das Sekundärkühlmittel abgibt.

Primärkühlkreislauf: Umlaufsystem, in dem die Wärme mittels des Primärkühlmittels vom Reaktorkern weggeführt wird.

Proton: Positiv geladenes Teilchen im Atomkern.

R: siehe Röntgen.

Rad (Rd): Veraltete Einheit der Energiedosis, als Abkürzung auch gebräuchlich: rd, rad. Das Rad ist heute ersetzt durch das Gray (Gy). Es gilt: 1 Rd = 10^{-2} Gy und 1 Gy = 100 Rd.

Radikal: Sehr reaktionsfähige Form eines Atoms oder Moleküls.

Radioaktivität, künstliche: Eigenschaft auf technischem Weg erzeugter Atome, sich zu kleineren Atomen umzubilden. Der Zerfall künstlicher Nuklide unterscheidet sich physikalisch nicht von dem natürlich vorkommender. Jedoch ist die Zusammensetzung radioaktiver Stoffe in Kernreaktoren anders als in natürlichen Strahlenquellen. Deshalb ist die von künstlichen radioaktiven Atomkernen ausgehende Strahlung für den Menschen erheblich schädlicher.

Radioaktivität, natürliche: Eigenart verschiedener Atome, unter Aussenden von Alpha-, Beta- oder Gammastrahlen zu Atomen mit geringerer Masse zu zerfallen. Die natürlichen radioaktiven Stoffe in der Erdkruste sind ausnahmslos langlebige, verhältnismäßig schwache Strahler, die sich bereits bei der Entstehung der Erde vor mehr als vier Milliarden Jahren gebildet haben. Nur die kurzlebigen Strahler, die damals entstanden, sind in der Zwischenzeit vollständig zerfallen.

Radionuklid: Nicht stabiles, radioaktiv zerfallendes Atom. Von etwa 2500 heute bekannten Nukliden sind etwa 2200 radioaktiv.

Radiotoxizität: Maß für die Gesundheitsschädlichkeit eines radioaktiven Atoms. Hängt ab von Art und Energie der ausgesandten Strahlen sowie vom Ausmaß der Energieübertragung.

Radon (Rn): Gasförmiges, stets radioaktives Element mit der Ordnungszahl 86. Entsteht beim Zerfall von Actinium, Thorium und Uran. Alle Radon-Isotope haben sehr kurze Halbwertzeiten — Radon 222 hat mit 3,8 Tagen die längste. Es lagert sich im Menschen vor allem in der Lunge an.

Reaktor: siehe Kernreaktor.

Reaktordruckbehälter: Stahlbehälter, der den Reaktorkern umgibt. Der Stahlzylinder ist bei einem 1200 Megawatt-Kraftwerk ungefähr 13 Meter hoch und hat einen Durchmesser von fünf Metern, seine Wand ist etwa 24 Zentimeter stark.

Reaktorkern: Der Teil des Atomreaktors, in dem die Kernspaltung stattfindet. Dort befinden sich Brennelemente, Moderator und Primär-Kühlkreislauf. Meßfühler und Steuereinrichtungen sollen dafür sorgen, daß die Vorgänge im Reaktorkern stets unter Kontrolle bleiben.

Reaktorschnellabschaltung (auch Schnellschluß): Verfahren, das dazu dient, die atomare Kettenreaktion bei einem Störfall — vor allem bei drohender Überhitzung — unverzüglich stoppen zu können. Dazu werden die aus Borkarbid bestehenden Steuerstäbe schnell in den Reaktorkern eingefahren. Das Borkarbid nimmt die freien Neutronen auf, so daß sie die Kettenreaktion nicht mehr fortsetzen können. Allerdings kann es trotz der Reaktorschnellabschaltung durch die Nachwärme zu einem Schmelzen des Reaktorkerns kommen.

Reaktorsicherheitskommission (RSK): Vorgängerin der Strahlenschutzkommission.

Reaktorunfall: Ablauf von Ereignissen, für dessen »Beherrschung« ein Kernreaktor nicht gebaut ist. Die Verseuchung der näheren und weiteren Umgebung ist in diesem Fall durch menschliches Eingreifen nicht mehr zu verhindern. Nach Auffassung von Freunden der Kernkraft ist ein Reaktorunfall nur mit äußerst geringer Wahrscheinlichkeit zu erwarten, man spricht sogar von einer unbewiesenen Annahme. Auch eine noch so geringe Wahrscheinlichkeit spricht allerdings für das Eintreten eines Ereignisses, solange sie nicht gleich null ist.

Redundanz: Wörtlich »Überfluß«, hier das mehrfache Vorhandensein für die Betriebssicherheit wichtiger Einrichtungen in einem Kernreaktor. Man unterscheidet funktionale Redundanz (z. B. mehrere gleiche Ventile mit der gleichen Aufgabe) und System-Redundanz (Reaktordruckbehälter und Stahlbetonhülle sind verschieden gebaut, dienen aber beide der Abschirmung der radioaktiven Strahlung).

Reflektor: Den Reaktorkern umgebende Schicht, von der freie Neutronen zurückprallen. Soll das Austreten der Neutronen aus dem Bereich gering halten, in dem die Kernspaltung stattfindet.

Regelstab: siehe Steuerstab.

rem: Amtlich nicht mehr verwendete Einheit für die Äquivalentdosis. Steht für »rad equivalent man«, also die Strahlenwirkung auf den Menschen. Wurde durch das Sievert (Sv) ersetzt. Es gilt: 1 rem = 10^{-2} Sv, oder umgekehrt: 1 Sv = 100 rem.

Risiko: Wird für Kernkraftwerke von ihren Freunden gern als berechenbar dargestellt. Großangelegte Versuche, diese Behauptung zu untermauern, waren die amerikanische Rasmussen-Studie von 1974/75, auf die sich heute selbst Kernkraftfreunde kaum noch berufen, und die Deutsche Risikostudie, die nach dem Reaktor-»Störfall« in Harrisburg angefertigt wurde.

Risikostudie, Deutsche: 1979 im Auftrag des Bundesforschungsministeriums von der Gesellschaft für Reaktorsicherheit angefertigtes Gutachten, das die Wahrscheinlichkeit von Reaktor-Störfällen ermitteln sollte. Nannte für das Schmelzen des Reaktorkerns – wie es in Tschernobyl geschah – für deutsche Kernkraftwerke die Wahrscheinlichkeit von einmal in zehntausend Reaktorbetriebsjahren.

Röntgen (R): Nicht mehr amtliche Einheit der Ionendosis. Ist seit 1986 durch Coulomb je Kilogramm (C/kg) ersetzt. Es gilt: 1 R = $2,58 \times 10^{-4}$ C/kg.

Röntgenstrahlen: Elektromagnetische, ionisierende Strahlen von erheblichem Durchdringungsvermögen. Sind den Gamma-Strahlen ähnlich, jedoch nicht so energiereich wie diese. Röntgenstrahlung wird zudem aus der Elektronenhülle freigesetzt, und nicht wie die Gamma-Strahlung aus dem Atomkern.

RSK: siehe Reaktorsicherheitskommission.

Salzstock: In Schwächezonen der Erdkruste liegende Salzmasse. Die oberen Schichten sind häufig von Sickerwasser ausgewaschen. Salzstöcke werden von Förderern der Atomkraft immer wieder als für das Unterbringen radioaktiver Stoffe geeignete »Endlagerstätten« bezeichnet.

Schadensersatz: Leistung, die ein Schädiger einem Geschädigten als Wiedergutmachung erbringen muß. Gemäß §31 des Atomgesetzes müssen Betreiber von Kernenergieanlagen Schadensersatz bis zu fünfhundert Millionen Mark zahlen können. Übersteigt der Schaden diesen Betrag, so haften Bund und Land bis zu weiteren fünfhundert Millionen Mark. Darüber haftet niemand. Welchen Schaden an Gesundheit und Erbgut der betroffenen Menschen ein GaU oder Super-GaU höchstens anrichten kann, ist nicht bekannt. Sollte eine Großstadt mit rund einer Million Einwohner für längere Zeit unbewohnbar werden, so würde dies bedeuten, daß jeder Evakuierte für beispielsweise monatelangen Verzicht auf Wohnung und Arbeitsplatz, verbunden mit einer gesundheitlichen Gefährdung oder Schädigung, dafür Tausend Mark erhalten könnte. Dies ist jedoch nur ein plakatives, rein rechnerisch ermitteltes Beispiel, das nicht für den Notfall Geltung besitzt.

Schneller Brüter: Atomreaktor, in dem mehr spaltbare Stoffe entstehen, als von außen zugeführt werden.

Schnellschluß: siehe Reaktorschnellabschaltung.

Schutzräume, öffentliche: Mehrzweckanlagen und Luftschutzbunker. Sind für Personen bestimmt, die sich bei einem Alarm auf öffentlichen Straßen oder Plätzen befinden. Zur Zeit können, schätzt man, etwa 3% der Bundesbürger Zuflucht in solchen Anlagen finden.

Schwellenwert: Kleinste Strahlendosis, die schädlich ist. Der Begriff wird hauptsächlich von Kernkraftanhängern verwendet. Zahlreiche Wissenschaftler gehen davon aus, daß überhaupt jede Strahlendosis einen Schaden verursachen kann.

Schweres Wasser: Wasser, das anstelle des leichten Wasserstoffs H_2 das Deuterium D_2 enthält, wird daher D_2O geschrieben. Wird in Kernreaktoren als Kühlmittel und Moderator verwendet.

Schwerwasserreaktor: Reaktortyp, in dem die Verwendung natürlichen Urans möglich ist. Ist bei gleicher Leistung wesentlich größer als ein Leichtwasserreaktor, weil zum Bremsen der Neutronen sehr viel Schwerwasser erforderlich ist.

Sekundärstrahlung: Die Strahlen, die von kosmischen Strahlen getroffene Atomkerne beim Zerfall aussenden.

Selbstschutz: Teil des Zivilschutzes. Umfaßt alle Maßnahmen der Bevölkerung, mit der sie sich bei einer Katastrophe selbst zu schützen versuchen kann.

Sicherheitsbarriere: Einrichtungen in einem Kernkraftwerk, die dazu bestimmt sind, radioaktive Strahlung von der Außenwelt abzuhalten. In bundesdeutschen Kraftwerken sind das: die Trennung des Brennstoffs in Tabletten, die Brennstabhüllen, der Druckbehälter um den Reaktorkern, der Betonmantel des Druckbehälters, der stählerne Sicherheitsbehälter und die Betonhülle um ihn herum.

Sicherheitsbehälter: Kugelförmiger Stahlmantel, der den Teil eines Kernkraftwerks umschließt, in dem das Freiwerden radioaktiver Strahlen vorgesehen ist. Hat bei einem 1200-Megawatt-Kraftwerk einen Durchmesser von etwa 56 Metern. Er muß in der Bundesrepublik so gebaut sein, daß er den rechnerisch bei einem Bruch der Hauptkühlmittelleitung zu erwartenden Druck — etwa 5,7 Bar — aushalten kann.

Siedewasserreaktor: Bauart des Leichtwasserreaktors, bei dem das im Kern des Siedewasserreaktors erhitzte Kühlmittel selbst eine Turbine antreibt. Der Sekundär-Kühlkreislauf entfällt bei dieser Bauweise.

Sievert (Sv): Internationale Einheit der Äquivalentdosis. Löste das früher amtlich verwendete »rem« ab. Allerdings konnte sich das Sievert bisher im allgemeinen Gebrauch noch nicht so recht durchsetzen. Es gilt jedoch: 1 Sv = 100 rem.

SKE: siehe Steinkohleneinheit.

Spaltbruchstück: Bei der Spaltung schwerer Atomkerne entstehendes Teil mit geringerer Masse.

SSK: siehe Strahlenschutzkommission.

Steinkohleneinheit: Internationale Einheit der Energiemenge, die vor allem zum Vergleich der Primärenergieträger untereinander dient. Eine Steinkohleneinheit ist dem durchschnittlichen Heizwert von einem Kilogramm Steinkohle gleichzusetzen. Es gilt: 1 SKE = 7000 kcal.

Steuerstab: Häufigste Form der Steuereinrichtung im Reaktorkern. Besteht aus einem Neutronen bremsenden Material, meist Stahl oder Zirkaloy. Kann zur Steuerung der Kernspaltung in den Reaktorkern hinein- oder aus ihm herausgefahren werden.

Störfall: Ereignis, bei dessen Eintreten ein Kernkraftwerk abgeschaltet werden muß, da sonst die Sicherheit der Mitarbeiter und der weiten Umgebung unzulässig gefährdet würden. Kernkraftwerke in der Bundesrepublik müssen so gebaut sein, daß der Reaktor bei einem Störfall voraussichtlich nicht außer Kontrolle gerät. Man spricht daher auch von »Auslegungsstörfällen«.

<u>Störung:</u> Nicht bestimmungsgemäßes Arbeiten eines Teils einer kerntechnischen Anlage.

<u>Strahlenbelastung:</u> Belastung, der der Mensch durch künstliche und natürliche Strahlenquellen ausgesetzt ist. Ist je nach Beruf, Wohnort und Lebensgewohnheiten verschieden.

<u>Strahlenbelastung, innere:</u> Bestrahlung des Menschen von innen durch radioaktive Stoffe, die er in seinen Körper eingebaut hat. Liegt bei etwa dreißig Millirem jährlich.

<u>Strahlenbelastung, kosmische:</u> Einwirkung von kosmischer Strahlung und durch sie hervorgerufene Sekundärstrahlung auf den menschlichen Körper. Hängt stark von der Höhe ab. Liegt auf Meereshöhe bei etwa dreißig Millirem jährlich, auf hohen Bergen dagegen manchmal über 100 Millirem im Jahr.

<u>Strahlenbelastung, natürliche:</u> Summe aus terrestrischer, kosmischer und innerer Strahlenbelastung. Liegt in der Regel zwischen 110 und 160 Millirem jährlich.

<u>Strahlenbelastung, terrestrische:</u> Wirkung der in der Erdkruste liegenden strahlenden Nuklide auf den Menschen. Ist von Ort zu Ort verschieden, beträgt im Durchschnitt etwa fünfzig Millirem.

<u>Strahlendosis:</u> Maß für die Strahlenmenge, der ein Körper ausgesetzt ist. Genaueres sagen nur Energiedosis oder Äquivalentdosis aus.

Strahlenkrankheit: Sammelbegriff für alle durch ionisierende Strahlen hervorgerufenen krankhaften Veränderungen im menschlichen Körper.

Strahlenschädenrichtwerte: Ungefähre Werte für die Wirkung ionisierender Strahlen auf den menschlichen Körper. Als Grenzdosis, die nicht überschritten werden soll, gelten 25 Röntgen. Die »semiletale« Dosis von 400 Röntgen ist für die Hälfte aller damit Bestrahlten tödlich, die »letale« Dosis von 600 Röntgen überlebt niemand.

Strahlenschutz: Gesamtheit aller Maßnahmen, die Schäden durch ionisierende Strahlen verringern oder verhindern.

Strahlenschutzkleidung: Bekleidung, die geeignet ist, den Körper wenigstens vor energiearmen Strahlen zu schützen, beispielsweise Bleikittel.

Strahlenschutzkommission (SSK): Aus etwa 15 Mitgliedern bestehende Gruppe von Wissenschaftlern, die den Bundesumweltminister im Zusammenhang mit den Gefahren ionisierender Strahlen beraten soll. Da einige Mitglieder schon längere Zeit mit der Kernenergiewirtschaft zu tun haben, vermuten Kritiker, daß Beschlüsse der Strahlenschutzkommission häufig von einem gewissen Wohlwollen der Atomwirtschaft gegenüber geprägt werden.

Strahlenschutzverordnung: Verordnung der Bundesregierung und des Bundesinnenministeriums über den Schutz vor Schäden durch ionisierende Strahlen. Wurde 1976 erlassen.

Strahlung, ionisierende: Jede Art von Strahlung, die Atome oder Moleküle in Ionen verwandeln, sie also elektrisch positiv oder negativ laden kann. Zu den ionisierenden Strahlen zählen Alpha-, Beta-, Gamma-, Röntgen- und Neutronenstrahlen.

Strahlung, kosmische: Entsteht durch energiereiche Teilchen in den oberen Schichten der Atmosphäre und wird zur Erdoberfläche hin immer stärker von der Lufthülle abgeschirmt.

Strahlung, terrestrische: Wird von strahlenden Bestandteilen der Erdkruste wie Granit und Feldspat ausgesandt.

Strontium (Sr): Metallisches Element mit der Ordnungszahl 38 und einer mittleren Atommasse von 87,62. Die radioaktiven Isotope Strontium 89 und Strontium 90 entstehen bei der Kernspaltung und werden im Menschen vorwiegend in die Knochen eingebaut. Die von Strontium 90 ausgehende Strahlung ist so gefährlich, daß ein einziger Eßlöffel davon genügen würde, die gesamte Menschheit unzulässig zu belasten.

Submersion: Bestrahlung von außen durch radioaktive Schwebeteilchen in der Luft.

Super-GaU: Jeder Reaktorunfall, der schwerer als der Größte anzunehmende Unfall ist. Bei einem Super-GaU sind die Sicherheitseinrichtungen eines Atomkraftwerks nutzlos.

Teilerrichtungsgenehmigung: Amtliche Erlaubnis für einen Bauabschnitt eines Kernkraftwerks.

Teilkörperdosis: Durchschnittswert der Äquivalentdosis für einen Teil des menschlichen Körpers.

Thorium (Th): Metallisches, von Natur aus radioaktives Metall mit der Ordnungszahl 90 und der mittleren Atommasse 232,04. Das Isotop Thorium 232 dient im Schnellen Brutreaktor als Grundstoff für die Herstellung von Uran 233, wird aber auch selbst als Kernbrennstoff verwendet. Gerät Thorium in die Umwelt, so kann es in tierische und menschliche Knochen eingebaut werden.

Transurane: Die im Periodensystem der Elemente auf Uran folgenden Elemente. Sie sind ausnahmslos radioaktiv und kommen in der Natur fast nicht vor.

Tritium (^{3}H, T): Überschwerer Wasserstoff. Tritium ist das betastrahlende Isotop des Wasserstoffs und hat die Massenzahl 3. Kommt in der Natur kaum vor: unter 10^{17} Wasserstoffatomen findet sich nur ein Tritiumatom. Hat eine Halbwertzeit von 12 Jahren und entsteht vor allem in Wiederaufbereitungsanlagen in gigantischen Mengen.

Überhitzung: Bedrohlicher Zustand eines Reaktorkerns. Kann sich nur entwickeln, wenn das Kühlsystem versagt oder die Kettenreaktion nicht mehr gesteuert werden kann.

überkritisch: Zustand einer spaltbaren Masse: bei der Kettenreaktion werden mehr Neutronen frei, als die Masse verlassen oder abgebremst werden.

unterkritisch: Zustand einer spaltbaren Masse, in dem weniger Neutronen durch Kernspaltung frei werden, als gleichzeitig die Masse verlassen oder gebremst werden.

Uran (U): Eisenähnliches Schwermetall mit der Ordnungszahl 92 und der mittleren Atommasse 238,03. Uran ist der am häufigsten benutzte Kernbrennstoff, allerdings ist nur eines von hundert Atomen radioaktiv. Das radioaktive Uran 235 kommt vor allem in Uranpecherz vor. Das weitaus häufigere Uran 238 wird als Ausgangsstoff für die Herstellung von Plutonium verwendet.

Verstrahlung: Schädigung tierischer und menschlicher Körper durch ionisierende Strahlen.

Verursacherprinzip: Rechtsgrundsatz, demzufolge derjenige die Kosten einer Umweltbelastung zu tragen hat, der sie verursacht. Die Verwirklichung stößt jedoch bei den durch Atomkraftwerke verursachten Schäden auf Schwierigkeiten, weil sie oft erst nach sehr langer Zeit auftreten, wenn ein direkter Zusammenhang mit Kernkraftwerken nicht mehr nachweisbar ist.

Volldruck-Sicherheitsbehälter: siehe Sicherheitsbehälter.

Vorkommnis, meldepflichtiges: Ist gesetzlich genau beschrieben. Jedoch gibt es gelegentlich Uneinigkeit zwischen Aufsichtsbehörden und Betreibern von Kernkraftwerken, ob ein Vorkommnis der Beschreibung entspricht und gemeldet werden muß.

WAA: siehe Wiederaufbereitungsanlage.

Washout: Das Auswaschen radioaktiver Atome in der Luft durch Regen, Schnee oder Hagel.

Watt (W): Einheit der Energiemenge. Es gilt: 1 W = 1 J/s.

Wiederaufbereitung (auch Wiederaufarbeitung): Äußerst aufwendiger technischer Vorgang, in dem aus verbrauchten Kernbrennstoffen wieder verwendbare gemacht werden, indem man die Spaltprodukte von den noch spaltbaren Brennstoffen trennt.

Wiederaufbereitungsanlage (WAA): Kerntechnische Anlage, in der verbrauchte Brennelemente für Kernreaktoren so behandelt werden, daß sie wieder als Brennstoff dienen können. In einer arbeitenden Wiederaufbereitungsanlage befinden sich erheblich mehr radioaktive Stoffe als in einem ebenfalls arbeitenden Atomkraftwerk.

Wirkungsgrad: Das Verhältnis zwischen aufgewandter und nutzbar abgegebener Energie in einem technischen Gerät.

Zelle: Winzige biologische Einheit, in deren Kern sich die DNS mit dem Erbgut befindet. Wird eine Zelle von ionisierender Strahlung getroffen, so kann entweder das Erbgut geschädigt werden oder die Zelle kann zu wuchern beginnen.

Zerfallsreihe: Aufeinanderfolge verschiedener Elemente, die nacheinander aus einem radioaktiven Ausgangsstoff entstehen, bis sich am Ende der Zerfallsreihe schließlich ein stabiles Atom bildet.

Zustand, gestörter: Betriebszustand eines Kernkraftwerkes, bei dem Teile der Anlage ihre Aufgabe zwar nicht mehr erfüllen, der Betrieb jedoch nach Auffassung der Betreiber gefahrlos fortgeführt werden kann.

Zustand, ungestörter: Zustand eines Kernkraftwerks, in dem das ganze Kraftwerk wie vorgesehen arbeitet. Muß keineswegs der Normalfall sein.

Zwischenlager: Ort, an dem radioaktiv strahlende Stoffe aufbewahrt werden, bis sie wiederaufbereitet werden oder bis man einen anderen Ort gefunden hat, an dem man sie endgültig abzustellen wagt.

Register

Abbrand 167, 201
ABC-Alarm 201
ABC-Dienst 201
Abdichtung 35, 132
Abfall 33, 145
Abfall, radioaktiver 180 f.
Abschalteinrichtung 177
Absorber 201
Äquivalentdosis 73, 115 f., 201
Aktivität 48, 74
Alarm 34, 57
Alpha-Strahlen 71 f., 77, 115, 202
Aminosäuren 202
Anämie 202
Anreicherung 166, 202
Atom 161, 203
Atomforum, Deutsches 203
Atomgesetz 59, 203
Atomhülle 161, 203
Atomkern 161, 203
Atomkommission, Deutsche 203
Atomkraftwerk 170, 204
Atommasse 204
Atommeiler 204
Atommüll 180, 204
Atomwaffensperrvertrag 204
Aufnahmegebiet 205
Ausstattung 132

Barium 164, 205
Becquerel 48, 73, 113, 205
Behelfskochstelle 144
Behördenselbstschutz 205
Belastungspfad 205
Berliner Blau 138
Bestrahlungsdosis, tödliche 154
Beta-Strahlen 53, 71 f., 77, 205
Betrieb, anomaler 46, 206
Betrieb, bestimmungsgemäßer 46, 206
Bevölkerungsverlegung 206
Bindungsenergie 206
Biogas 193 f.

Biomasse 188, 193
Bq s. Bequerel
Brennelement 167, 205
Brennstoffkreislauf 165, 207
Brennstofftablette 167, 207

Cäsium 81, 207
Ci s. Curie
Containment 171
Curie 48, 73, 113

Dekontamination 65, 92 ff., 134, 207
Desoxyribonukleinsäure 208
Deuterium 208
Deuteron 208
Dokumententasche 138
Dosimeter 120, 208
Dosis 208
Dosisfaktor 73, 208
Druckbehälter 209
Druckwasserreaktor 172 f., 209
DWK 209

Eier 80, 160
Einspruchsverfahren 209
Elektron 161, 210
Elektronenhülle 210
Elektronvolt 210
Element 210
Elementarteilchen 210
Emission 178, 210
Endenergie 211
Endlager 211
Endlagerung 181, 211
Energiedosis 114, 116, 211
Energiewirtschaftsgesetz 189, 211
Entseuchen 212
Entsorgung 99, 212
Entstrahlen 212
Erdwärme 191
EURATOM 212
Evakuierung 64, 212
Extrapolation 213

Fall-out 80, 213
Filmdosimeter 120
Fisch 160

GaU 45, 47, 85, 151, 213
Gammastrahlen 53, 71 f., 77, 119, 213
Gammadosisleistung 113, 213
Ganzkörperdosis 74, 116, 152 ff., 214
Ganzkörperzähler 214
Ganzkörperbestrahlung 117
Geigerzähler 32, 66, 117, 122
Gemüse 143
Gesundheit 147
Graphit 53, 174, 214
Gray 73, 115, 215
Grenzwert 179, 215
Growian 194
GSF 215
Gy s. Gray

Halbwert(s)zeit 48, 215
Halbwertzeit, biologische 215
Halbwertzeit, effektive 216
Halbwertzeit, physikalische 216
Hauptschutzraum 216
Helium 71, 174 f., 216
Hintergrundstrahlung 216
Höhenstrahlung 217
Hochtemperaturreaktor 174, 216
Hygiene 33, 100, 145

ICRP 217
Immission 178, 217
Information 66, 104
Ingestion 79, 217
Inhalation 76, 78, 217
Inkorporation 65, 76, 217
Ion 115, 217
Ionendosis 115, 218
Ionisierung 77, 218
Isotop 79, 162, 164, 218

Jod 49, 115, 218
Jodtabletten 63, 79

Katastrophenalarm 58, 62
Katastrophenschutz 60, 218
Katastrophenvoralarm 62

Kernbrennstoff 219
Kernfusion 164
Kernkraftwerk 8 ff., 13, 46, 148, 183 f.
Kernkraftwerksbetreiber 55 f.
Kernreaktor 219
Kernspaltung 161, 220
Kernzone 60
Kettenreaktion 47, 162, 220
Körperdosis 117, 220
Kontamination 65, 94, 220
Konversion 166, 220
Kraft-Wärme-Koppelung 188
Kritikalität 221
Krypton 164, 221
Kühlmittel 170, 221
Kugelbau 771
Kugelhaufenreaktor 221

Lebensmittel 33 ff., 97, 140, 157 f.
Leichtwasserreaktor 171, 221
Letaldosis 222
Leukämie 54, 148, 222
Luftverbrauch 104 f., 133

Masse, kritische 222
Massenzahl 222
Mastviehfleisch 159
Megawatt 222
Meson 222
Meßwirrwarr 113
Milch 80, 157, 160
Millirem 70, 74, 113, 222
Moderator 121, 222
moderieren 222
mrem s. Millirem
Mutation 223
MW s. Megawatt
MWe 223
Myon 223

Nahrungskette 157, 223
Nahrungskreislauf 223
Natrium 175, 223
Neutron 71, 161, 223
Neutronenstrahlung 121
Normalbetrieb 46, 151, 223
Notbeleuchtung 145
Notbelüftung 106 f.
Notgepäck 111, 135

Nothausapotheke 137
Notheizung 144
Notklosett 100
Notkühlsystem 177, 224
Notlüftung 107
Notstand, innerer 224
Notstand, äußerer 224
Notstandsverfassung 224
nuklear 224
Nukleonen 161, 224
Nuklid 81, 224

Ordnungszahl 224
Organdosis 117, 225
Ortsdosis 117, 225

Panik 85, 87, 89
Papiere 33, 139
Partialdosis 225
Personendosis 116, 225
Plasma 164 f.
Plutonium 225
Positron 225
Primärenergie 225
Primärenergieträger 226
Primärkühlmittel 47, 226
Primärkreislauf 226
Proton 69, 71, 77, 161, 226
Prozeßwärme 189

Qualitätsfaktor 73

R s. Röntgen
Rad 73, 115
Radikal 226
Radioaktivität 20 ff., 30, 48, 69, 147, 171
Radioaktivität, künstliche 226
Radioaktivität, natürliche 227
Radionuklid 227
Radiotoxizität 227
Radon 227
Reaktor 173
Reaktordruckbehälter 227
Reaktorkern 55, 227
Reaktorschnellabschaltung 228
Reaktorsicherheitskommission 228
Reaktorunfall 47, 125, 228
Redundanz 177, 228
Reflektor 228
Regelstab 229

Rem 73, 229
Risiko 229
Risikostudie 55, 229
Röntgen 113, 229
Röntgenstrahlen 71, 229
RSK 229

Salzstock 230
Schadensersatz 230
Schneller Brüter 175, 230
Schutzbekleidung 126
Schutzräume, öffentliche 230
Schutzraum 29 f., 41, 91, 96, 125, 129 ff.
Schwellenwert 231
Schweres Wasser 174, 231
Schwerwasserreaktor 174, 231
Selbstschutz 231
Sicherheitsbarriere 171, 231
Sicherheitsbehälter 231
Siedewasserreaktor 172, 232
Sievert 73, 113, 115, 232
Sirenensignale 58
Solarzelle 197 f.
Sonderalarm Wasser 62
Sonnenenergie 188, 196 f.
Sonnenkollektor 196
Spaltbruchstücke 162
Spaltprodukt 162 f., 168
Stabdosimeter 120
Steinkohleneinheit 232
Steuerstab 232
Störfall 25, 46, 50 ff., 232
Strahlenaktivität 113
Strahlenbelastung 70, 75, 78, 147, 149, 179, 233
Strahlenbelastung, innere 233
Strahlenbelastung, kosmische 69, 233
Strahlenbelastung, natürliche 74, 76, 233
Strahlenbelastung, terrestrische 68, 233
Strahlendosis 233
Strahlenkrankheit 151 ff., 234
Strahlenmeßgerät 117
Strahlenschädenrichtwerte 154, 234
Strahlenschutz 234
Strahlenschutzkleidung 234

Strahlenschutzkommission 234
Strahlenschutzverordnung 234
Strahlenspätschäden 155
Strahlung, kosmische 235
Strahlung, terrestrische 235
Strompreis 189
Strontium 79, 81, 115, 164, 235
Submersion 78, 235
Super-GaU 235
Szintillationsdetektor 119

Teilerrichtungsgenehmigung 235
Thorium 235
Transurane 236
Trenndüsenverfahren 167
Tritium 48 f., 164, 236

Überhitzung 236
überkritisch 236
unterkritisch 236
Uran 165, 175

Verstrahlung 92, 236
Verursacherprinzip 237
Vorkommnis, meldepflichtiges 237
Vorsorge 125

WAA s. Wiederaufbereitungsanlage
Wärmepumpe 192
Wash-out 80, 237
Wasser 99, 109, 175
Wasserkraft 191
Wiederaufbereitung 168, 237
Wiederaufbereitungsanlage 48, 169, 237
Wild 80, 159
Windrad 194 f.
Wirkungsgrad 238

Zelle 238
Zentrifugenverfahren 166
Zerfallsreihe 238
Zustand, gestörter 238
Zustand, ungestörter 238
Zwischenlager 238